室内设计新视点·新思维·新方法丛书

朱 淳 / 丛书主编

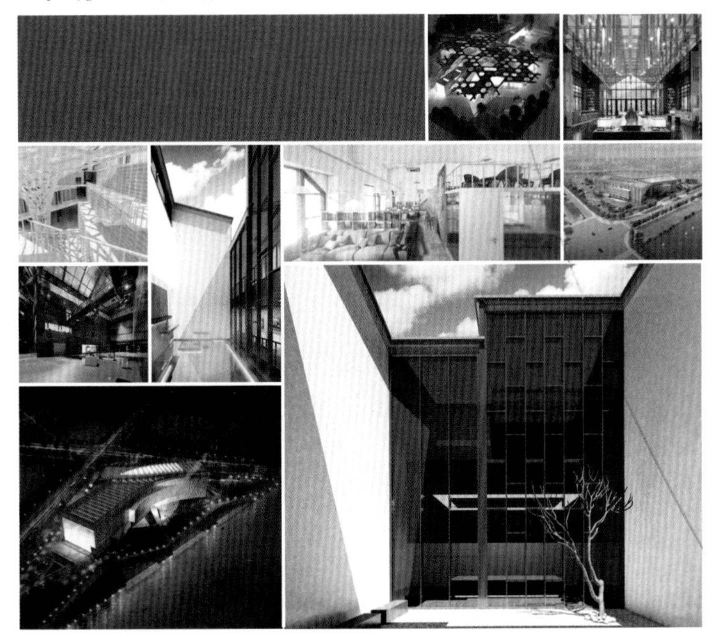

INTERIOR DESIGN FOR CULTURAL BUILDING

文化建筑空间室内设计

郭 强 / 编著

·北京·

内容提要

本书从文化空间设计的基本原理开始，由浅入深地将文化空间设计按照类型与要求、方案切入点、风格把握、空间形态与感知、构成与限定、分析与表现等方面进行阐述，介绍了文化空间的设计理论以及方案设计的方式手段。本书借助行业中较新以及经典的设计案例讲解书中设计理论与当下设计观念，希望能够使读者意识到文化空间设计与其他类型的空间设计有着较大区别，无论是空间还是方案表达，更注重对于文化性与艺术性的探索与表述。通过本书的讲解能够让设计师了解营造文化空间氛围需要考虑的方面与设计思路，从而有据可循地进行空间设计。

本书提供系统且重点明晰的文字描述与案例示范，适用于高等院校相关专业的师生，对相关专业设计人员也具有一定的参考价值。希望室内设计、文化策展等相关专业的学生及从业者都能够从中根据自身需求受益。

图书在版编目(CIP)数据

文化建筑空间室内设计/ 郭强编著. —北京：化学工业出版社，2020.1
（室内设计新视点•新思维•新方法丛书 / 朱淳主编）
ISBN 978-7-122-35674-1

Ⅰ.①文… Ⅱ.①郭… Ⅲ.①文化建筑-室内装饰设计 Ⅳ.①TU242

中国版本图书馆CIP数据核字 (2019) 第286310号

责任编辑：徐　娟　　装帧设计：郭　强
责任校对：李雨晴　　封面设计：刘丽华

出版发行：化学工业出版社（北京市东城区青年湖南街13号　邮政编码100011）
印　　装：北京瑞禾彩色印刷有限公司
889mm×1194mm　1/16　印张 9　字数 250千字　2020年7月北京第1版第1次印刷

购书咨询：010-64518888　　售后服务：010-64518899
网　址：http://www.cip.com.cn
凡购买本书，如有缺损质量问题，本社销售中心负责调换。

定　　价：68.00元

丛书序

人类对生存环境做出主动的改变，是文明进化过程的重要内容。

在创造着各种文明的同时，人类也在以智慧、灵感和坚韧，塑造着赖以栖身的建筑内部空间。这种建筑内部环境的营造内容，已经超出纯粹的建筑和装修的范畴。在这种室内环境的创造过程中，社会、文化、经济、宗教、艺术和技术等无不留下深刻的烙印。因此，室内环境营造的历史，其实包含着建筑、艺术、装饰、材料和各种技术的发展历史，甚至包括社会、文化和经济的历史，几乎涉及了构成建筑内部环境的所有要素。

工业革命以后，特别是近百年来，由技术进步带来的观念的变化，尤其是功能与审美之间关系的变化，是近代艺术与设计历史上最为重要的变革因素，由此引发了多次与艺术和设计相关的改革运动，也促进了人类对自身创造力的重新审视。从19世纪末的“艺术与手工艺运动”（Arts & Crafts Movement）所倡导的设计改革，到今日对设计观念的讨论，包括当今信息时代在室内设计领域中的各种变化，几乎都与观念的变化有关。这个领域的发展：从空间、功能、材料、设备、营造技术到当今各种信息化的设计手段，都是建立在观念改变的基础之上的。

在不同设计领域的专业化都有了长足进步的前提下，室内设计教育的现代化和专门化出现在20世纪的后半叶。“室内设计”（Interior Design）这一中性的称谓逐渐替代了“室内装潢”（Interior Decoration），名称的改变也预示着这个领域中原本占据主导的艺术或装饰的要素逐渐被技术、功能和其他要素取代了。

时至今日，现代室内设计专业已经不再是仅用“艺术”或“技术”来简单概括了。它包括对人的行为、心理的研究；时尚和审美观念的了解；建筑空间类型的多种改变；对功能与形式的重新认识；技术与材料的更新以及信息化时代不可避免的设计方法与表达手段的更新等一系列的变化，这一切无不在观念上彻底影响着室内设计的教学内容和方式。

本丛书的编纂正是基于以上前提之下。本丛书除了注重各门课程教学上的特点外，更兼顾到同一专业方向曾经被忽略的一些课程，如室内绿化及微景观；还有从用户心理与体验来研究室内设计的课程，如环境心理学；以及作为室内设计主要专项拓展的课程，如办公空间设计。同时也更加注重各课程之间知识的系统性和教学的合理衔接，从而形成在室内设计专业领域内，更具专业化、更有针对性的教材体系。

本丛书在编纂上以课程教学过程为主导，通过文字论述该课程的完整内容，同时突出课程的重点知识及专业知识的系统性与连续性，在编排上辅以大量的示范图例、实际案例、参考图表及优秀作品鉴赏等内容。本丛书能够满足各高等院校环境设计学科及室内设计专业教学的需求，同时也对众多的从业人员、初学者及设计爱好者有启发和参考作用。

本丛书的出版得到了化学工业出版社领导的倾力相助，在此表示感谢。希望我们的共同努力能够为中国设计铺就坚实的基础，并达到更高的专业水准。

任重而道远，谨此自勉。

朱 淳

2019年7月

目录

第 1 章　文化建筑空间的基本原理

“文化”一词在《现代汉语词典》里的主要解释为：人类在社会历史发展过程中所创造的物质财富和精神财富的总和，特指精神财富，如文学、艺术、教育、科学等。“当代文化”主要是指当代语境下广大民众通过多样传播媒介满足自身感性娱乐需求的文化形态。“文化建筑”中的“文化”一词，更多的是指文学、艺术和人类的精神成果。这种与文化相关的活动，同时集中包容了无数有组织产生的、多样的、平民化的场所行为，而实现这些文化活动以及场所行为的空间即为文化建筑空间。在学习如何进行文化空间的设计之前，需要了解文化建筑空间的概念、特征、设计原则以及前沿的理念。

1.1 文化建筑空间设计概述

1.1.1 文化建筑空间的概念

文化建筑空间一般意义上指的是以某一文化功能为主，其他功能为辅的建筑空间，或由多种不同文化功能平行组成的文化综合体（Culture Complex）包含的空间，也是戏院、电影院、音乐厅、曲艺场、游乐场、歌舞厅、棋室、保龄球及台球室、舞厅、儿童游戏场等建筑空间的总称。

如果说空间是人类集体记忆的场所，那么文化建筑也在一定程度上标识了记忆的类型。在一个传统的居住环境里，文化建筑的重要性不言而喻。正如中国传统城镇中心的戏台（图1-1），通常位于庙宇之前，辉煌显赫，既开放面对环境和居民，又建立了一个独特的空间场所，以超越的姿态面对现实的残酷和人生的痛苦，赞美欢乐和优美的彼岸虚像。其中的每一个空间的场景和形式的细部，都凝聚着世代相传的民间智慧，也承载着乡土和城市的文化梦想。在我们学习时尚新潮的建造技术和建筑形式的同时，我们伟大的传统和历史，具有本土文化精神的建筑和城市空间，更应该是文化建筑空

图1-1　戏台空间凝聚了一方水土的戏曲文化

图1-2 帕特农神庙，原始的文化空间功能明确且单一

间安身立命的根基所在。各类型的文化空间承担的角色与使命也不尽相同，剧院与音乐厅的表演艺术虚拟、重现、折射大千世界的风云变幻；陈列博览展现的历史遗存则暗示生命和物质的短暂无常；美术馆、教堂和寺庙展现的绘画与书法呈现着人类的文明乐园；图书馆、游戏和博弈俱乐部也都以不同的方式呈现与现实世界的差异和距离。如此高度文化性的空间，它的设计也自然体现着文化活动的功能要求与文化内涵。

1.1.2 文化建筑空间的特征

文化建筑如果追根溯源，西方早在古希腊罗马时期有剧场、斗兽场，东方早在金代有农村神庙舞台、唐代有书院，这时的文化建筑空间功能是一元的、确定的（图1-2）。然而信息时代的今天，信息交流的迅速使得文化变为了一种消费品，文化的保鲜周期变短，文化建筑空间的功能、空间组织和使用方式等特征也随之发生了一些共性上的变化。

首先是文化建筑空间的开放性、公共性增强（图1-3）。由于信息技术的发展导致信息的存储、展现不

图1-3 上海龙美术馆，注重开放性的现代文化空间

再依赖于印刷品而转向虚拟空间，从而减少了很多用于存储的封闭空间，许多功能空间开始得到解放。另外，信息技术使得展示方式多样化，空间对墙体依赖开始减弱，墙在空间中的必要性减弱，这使得现在的文化建筑空间显得更加无界，空间限定灵活多变，多现模糊性。此外，现在的文化建筑空间更加强调大众体验，不同于以往服务于精英阶层，领域性减弱，公共性增强，使得空间形态由封闭逐渐走向开放。

其次，文化建筑空间突出地体现着其文化功能，具有明显的文化性以及艺术性。无论是何种文化建筑空间，我们置身其中都会明显感受到其明确的文化功能，会清楚地意识到这个空间用来做什么文化活动，这是文化建筑空间的功能属性所决定的。而且诸如美术馆、博物馆、艺术中心等文化建筑空间还会突出感受到它的文化艺术氛围（包括地域文化），这是由文化建筑空间的文化性所决定的（图1–4）。

同时，文化功能空间与其他功能空间结合的趋势明显。从现代的文化建筑空间可以看到，文化功能也逐渐同商业功能、办公功能的相结合。因此，为了满足人们行为的复杂性和多样性，人们为文化建筑空间设计了更丰富的组织结构（图1–5）。

图1–5　任何建筑空间都要突出其功能性，文化空间应突出其文化活动的功能

图1–4　鄂尔多斯博物馆室内空间就犹如一件艺术品

现代文化建筑空间强调交流与互动。鼓励受众“以身体之，以心验之”，强调文化活动参与者感知的时间维度和空间维度（图1-6）。文化建筑空间不仅仅对物质元素进行组织，也重视非物质元素，诸如光线、质感、温度、声效等，空间自身的文化性和艺术性也在这些元素组织中越来越强（图1-7）。

文化建筑空间的设计体现着不同时期的不同特征，是承载文化多样性的载体。不同时期的社会，文化建筑空间所体现的文化价值理念与信念是截然不同的。如封建社会的文化建筑空间的设计多体现了统治者炫耀财富的特点，建筑空间的设计极尽奢华；当今社会，文化建筑着重体现新时代的文化理念，表达强烈的民族自豪感与自信心。适当吸收外来文化的同时，应立足于本地文化环境合理利用，因地制宜，借用新意象展现出新的风貌。文化空间设计的是公共文化交流的场所，这个场所从最初的信息交流站到今天的新型的文化交流中心，逐渐地深入民众的日常生活中，影响着民众的学习生活与文化交流。

图1-6　空间中借助环境以及光线感知时间维度和空间维度

图1-7　现代文化空间设计运用非物质元素强调互动

图1-8　苏州博物馆用石材拼贴的方式展现山水文化情怀

图1-9　绩溪博物馆用抽象的几何形表达假山形态元素

1.2 文化建筑空间设计的原则

1.2.1 文化性原则

对文化建筑空间而言，需要展现出充分的文化内涵才能打动人们内心的精神渴求。这就需要在设计过程中注入一定的文化元素，并凭借这些元素诱导人们参与到文化意象的构建中，最终形成文化建筑空间的文化意象。

可以说文化建筑空间的文化性与艺术性更多是依靠文化意象形成的，而文化意象的形成主要来自人文环境、文化环境、文化内涵的衍生和展现以及体验。这些展现和体验主要来自两个方面，即物质层面和精神层面。物质层面主要包括设计中所看到的具体形式，如墙体、地面以及装饰手法；精神层面则是空间分为展现出来的文化内涵（图1-8和图1-9）。

文化意向有直观性和形象性。在文化建筑空间文化意象的打造中，文化元素的选取非常重要，这些元素直接影响着文化意向的形成和体验。文化意象的选取要做到两个尊重，即尊重历史与尊重现实。历史是一个区域长期文化的积淀，承载文化的内涵，是最能够体现区域文化艺术性的文化意象（图1-10）。而有的区域，如一些新开发的地方，因为发展历史很短，基本上没经过什么历史文化的积淀，那么这些地方的文化建筑空间的文化意象要适当吸收外来文化，同时合理利用本地文化环境，因地制宜，借用新意象展现出新的风貌。

图1-10　宁波博物馆用就近取材的方式营造地域文化特征

1.2.2 整体性原则

对于文化建筑空间的设计若只求多样，不求统一，势必会造成空间内部的杂乱无章，这就需要在进行设计时注意整体性的原则，主要表现如下。

一是简化空间的复杂程度，加强整体感（图1-11）。将空间的重心放在展品方面，简化空间中的装饰要素，加强整体性，从而衬托出展品的精彩。

二是可以采用重点法加强整体感。即在内部公共空间中做到主次分明，层次清晰（图1-12）。将视觉焦点放到一处重点空间构件上，将其作为最引人注意的、空间尺度最大、层次和内容最丰富的构件，而其他空间构件及装饰是次要的，形状尺度较小，用于衬托主要的视觉焦点。

最后可以通过色调法，即通过颜色、材质来统一内部空间造型，这种色调使空间统一中蕴含这种变化。而调和色是最容易形成整体感的手段，色调最易统一。例如西班牙阿斯图里亚斯美术馆，统一的色调处理能形成统一的形象（图1-13和图1-14）。

图1-12　波恩艺术博物馆的入口大厅将重点放在沙漏形的台阶上

图1-13　西班牙阿斯图里亚斯美术馆（一）

图1-11　上海龙美术馆西岸馆用极简的造型以及素雅的材质加强整体性，突出展品

图1-14　西班牙阿斯图里亚斯美术馆（二）

1.2.3 序列化原则

文化建筑空间的体验需要在设计中安排好流线和次序，这种按照既定引导的方式将空间有序地进行组织设计（图1-15），就是文化建筑空间设计的序列化原则。

设计中需要根据人的行为心理和功能需求，通过一定的设计手法暗示和引导人们活动（图1-16）。一方面，考虑到人们在运动中观察景物的要求，应通过对景、障景、隔景、框景、漏景、夹景等手法（图1-17），使文化建筑空间的体验达到步移景异的效果；另一方面,文化建筑空间的体验犹如一篇文章，需要有前序、过程、高潮以及结尾，具体体现在文化建筑空间设计的先后次序、主次等关系（图1-18）。

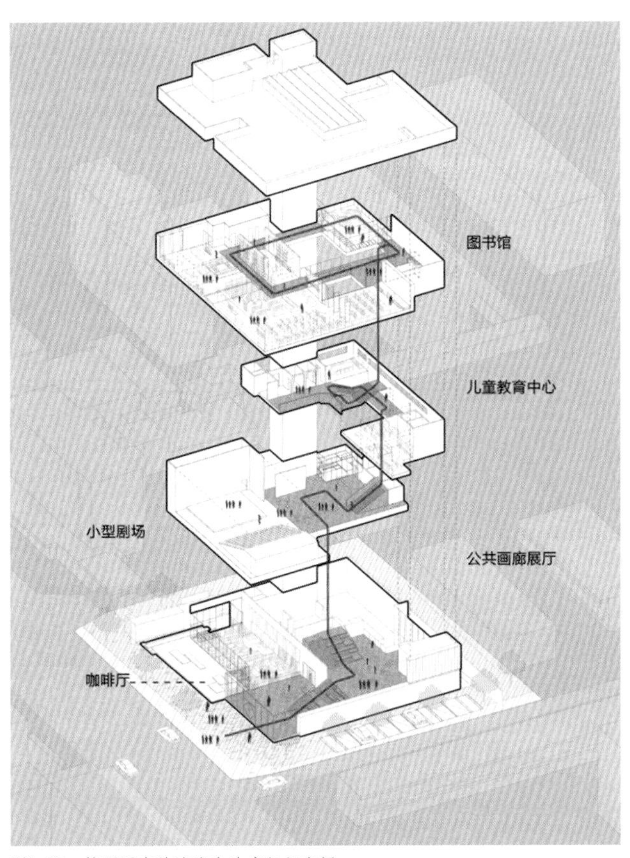

图1-15　按照既定的流线和次序组织空间

图1-17　文化建筑空间体验达到步移景异的效果

图1-16　巧妙利用交通引导流线

图1-18　天津滨海新区文化中心滨海美术馆用文化艺术长廊组织各空间次序

组织空间的序列，首先要有主要的人流路线逐一展开的一连串空间，兼顾其他辅助人流路线的空间序列安排，两者间主次分明。同时，在主要的人流路线中，分别处理好不同功能空间的人流导向序列安排（图1-19）。

空间序列逐一展开应形成有起有伏、有抑有扬、有收有放的效果。运用空间对比，以次要空间来烘托，使其充分突显出来，形成控制全局的高潮（图1-20）。

① 过渡处理。通过一些设计手法进行空间的过渡，以及空间与空间之间的衔接（包括模糊化的公共空间）。一方面起空间收缩的作用；另一方面借以加强序列的节奏感，使空间更加生动有趣，这种过渡作用是不可忽视的（图1-21）。

② 韵律处理。某一种形式空间或元素的重复或再现，可以形成一定的韵律感和节奏感，用于衬托主要空间和突出重点与高潮。这种重复和再现产生的韵律通常都具有明显的连续性，处在这种空间中，人们常常会产生一种期待感（图1-22和图1-23）。

图1-21　采用庭院作为各空间过渡的绩溪博物馆

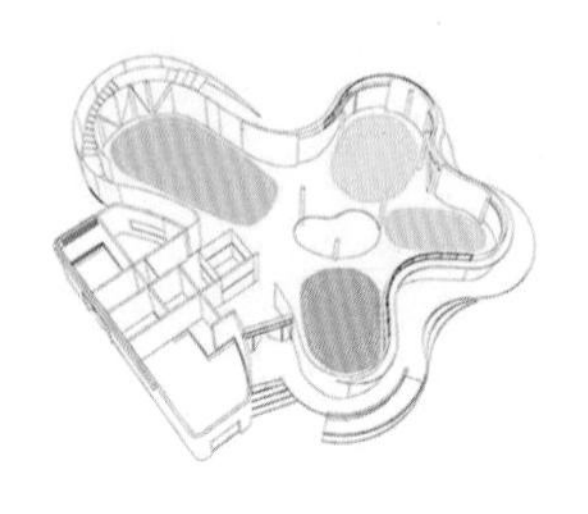

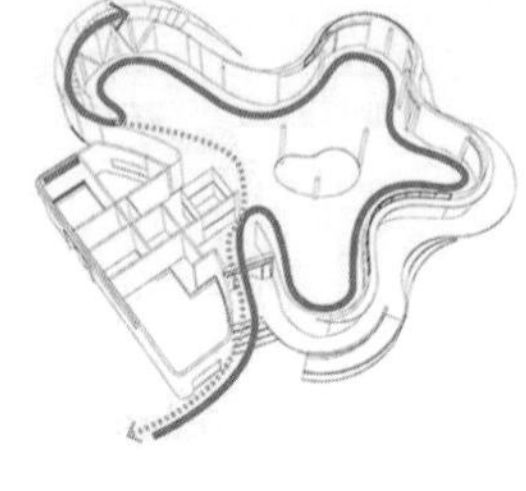

图1-19　不同功能空间的流线应分别处理

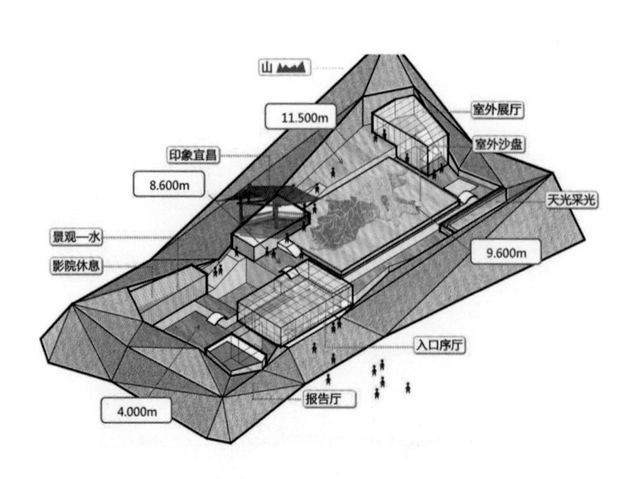

图1-20　宜昌规划展览馆，流线呈现一条环线，空间有收有放、有抑有扬

图1-22　连续空间重复出现且有一定的变化，使得空间体验充满趣味

图1-23　上海汽车博物馆用强烈的黑白对比展现空间韵律

图1-24　大面积引入室外景观的台州当代美术馆

文化建筑空间的序列化实际上就是在保证功能布局合理的基础上，根据建筑内部交通流线总和，运用对比、重复、过渡、导向等一系列空间处理手法，把各个空间统一成一个有序、有变化、统一、完整的群体。

1.2.4 渗透化原则

渗透性原则体现在空间界面的柔化问题上。文化建筑空间需要创造一种具有弹性和亲和力的，使人易于接近和停留的柔性边界（过渡空间或者灰空间）。此类空间应具有以下功能。

① 内外渗透。文化空间应积极引入室外景观，突出地域属性，将内部空间与外部环境相关联（图1-24）。

② 横向联系。内部空间相互渗透，彼此影响（图1-25）。

图1-25　瑞士苏黎世美术馆新馆，空间相互渗透、彼此影响

图1-26　深圳龙华三智学校设计方案，将户外景观元素引入室内

图1-27　劳力士学习中心公园式的步行体验

1.3 文化建筑空间设计的新理念

1.3.1 与自然相交融

“与自然环境的交融”即空间设计在客观环境允许的情况下尽可能地引入自然景观以及生态理念，给人以身处自然的空间体验（图1–26）。

当代文化建筑空间因为其较大的尺度和功能的公共性而在空间和形态上有较高的自由度。设计师多应用柔滑的建筑语言而不是几何的笔直线条，位于瑞士的劳力士学习中心（图1–27）和日本轻井泽千住博博物馆起伏的地面及屋顶给人以公园式的空间体验和山峦的形象联想。

同时对风、雨、光等自然道具应用，也可以用来营造这种仿佛深处自然的体验。丰岛美术馆和台中歌剧院等建筑将光柔和地引入，光影在曲面上漫射和移动营造像自然洞穴一样的亲切感和认同感。阿利耶夫文化中心有机而动感的表皮褶皱对于内部空间有模糊的界定作用，使得室内也像自然界中的洞穴空间（图1–28）。

此外，金泽美术馆（图1–29）和千住博博物馆轻质透明材料的应用，从视觉感受上紧密联系了人造的室内环境和自然的室外环境，这也是自然化设计策略的应用。

文化建筑空间的设计是对自然的“重构”，以大自然的逻辑来构建人造的空间形式，自然造物——取决于自然，融于自然（图1–30）。

图1-28　阿塞拜疆共和国阿利耶夫文化中心室内形态

图1-29　日本金泽美术馆紧密地将室内外空间联系起来

图1-30　用自然的理念构建空间环境

1. 3. 2 强调透明性

由于文化建筑空间一般具有很强的公共性，而透明轻质材料的应用，使得空间边界形态模糊化，也正是意在表达空间流线及视线的开放性，这种对文化建筑空间公共性的强调，也是体现大众文化的一种有效方式（图1-31）。

奥斯陆歌剧院可以上人的屋顶、劳力士学习中心可以穿越的驾控场地，诸如此类设计，使得当代文化建筑空间不再是一种高高在上的姿态，而是给人以平易近人的亲切感和归属感。透明和半透明材质将建筑变为一个文化活动的“橱窗”，这种透明性的处理手法既是公共性强调的表达，又反过来吸引人的参与，对公共性起进一步的推动作用。

图1-32　剖面将人物活动更加充分地向四周渗透，营造文化氛围

1. 3. 3 室内剖面外显

剖面外显的设计手法最初应用于建筑外立面之上，设计者认为最能体现空间氛围的画面是人在空间中活动的场景，以此作为“界面”丰富于空间中，随之逐步引入室内空间的设计。室内剖面的外显实际上是将剖面上的人物活动以及场景直接展示于空间界面之上，用人的活动场景直接营造文化氛围，同时也是空间相互交流、相互渗透的手法，这种手法也强调了空间的关联性，使得空间的层次更为丰富（图1-32）。

图1-31　透明材质模糊了边界，强调了空间公共性

1.3.4 空间的隐喻

空间的隐喻旨在借用符号学语言表达空间和喻体之间暗含的相似性特征，具有信息传播的作用，引起空间中人感情的共鸣（图1-33）。即指把本质隐藏起来，通过暗示、比喻的手法，表露出物体的特征、性情、形态，让人们通过观察、想象，领悟到原物体的神韵，空间的这种处理也被称作喻意。文化建筑空间可通过这种方式让人们留下想象空间，把人们引向思索、猜想，感受到其喻意效果。隐喻借助表示具体事物的词语表达抽象概念，以此代彼，内含收敛（图1-34）。

隐喻要求受众有丰富的想象力和解码能力，才能获得有意义的思维转换，受众的多义性解读不可避免，但正是隐喻解码的多义性解读为受众提供了自由发挥想象力的多种可能性，使之更富魅力（图1-35）。文化建筑空间的隐喻特征为受众提供了自由发挥想象力的多种可能，使空间具备特定的象征意义和文化内涵。需要强调的是，使用隐喻的文化建筑空间需要特定的社会人文背景与建筑文化背景。应用隐喻的建筑设计手法创作的建筑作品往往存在受众领悟、理解和解读的歧义现象，所以不能苛求建筑从视觉上获得受众明确统一的反馈，受众领悟、解读和理解有歧义现象是正常的事情（图1-36）。

图1-33 武汉理工大学南湖校区图书馆上空的中国传统符号能够迅速引起人的联想，为空间的文化气质定下基调

图1-34 借助竹子这种具体材质暗示了当地的环境特征

图1-35 法国卢浮宫玻璃金字塔

图1-36 不同人从不同角度看同一现象，得出的结果也不尽相同

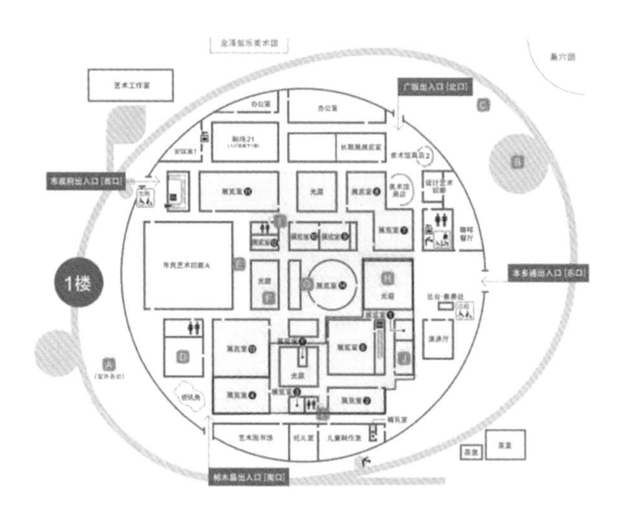

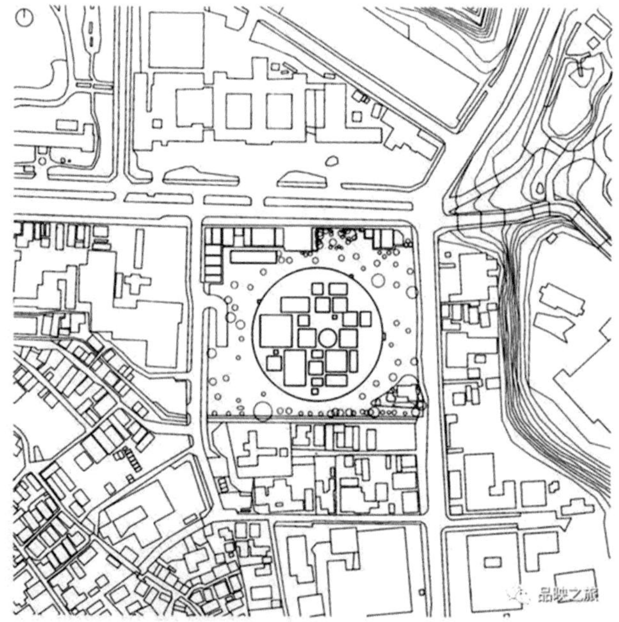

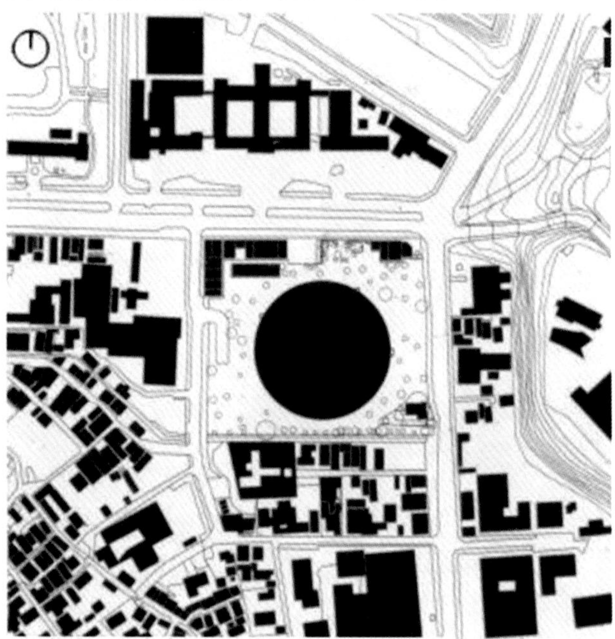

图1-37　日本金泽美术馆内部空间布局方式隐喻了现代化的城市肌理

当代文化建筑的空间隐喻不是对客观世界的简单模仿，而是运用抽象和象征的手法，含蓄地呈现出相似特征。查尔斯·詹克斯认为隐喻是在原有的经验基础上进行的创造思维，并且经过创作产生的空间形象能让人普遍联系到相关的客体形象。

日本金泽美术馆运用几何的语言，通过松散、有间隙的空间组织，将建筑隐喻为微缩的信息化都市空间，内部纵横的交通好像城市的路网，不同体量的高低错落的单元空间，就像城市中起伏的天际线（图1-37）。

瑞士劳力士学习中心则是对公园式景观空间的隐喻。曲面的屋顶和地板让人好像行走在山地和丘陵间，建筑的轮廓也像是夕阳下山脉的起伏。步移景异的空间感受给人熟悉的、好似漫步园林的亲切感（图1-38）。

只有认识到时代文化的内在秩序，强调空间与人、历史的对话，找到隐喻意义和恰当的符号语言，才能使人感知到这种隐喻并产生认同感。

图1-38　瑞士劳力士学习中心步行体验隐喻了公园式景观

1.3.5 参数化、多媒体技术的引入

参数化设计（Parametric Design）是一种建筑设计方法，其核心思想是把空间设计的全要素都变成某个函数的变量，通过改变函数，或者说改变算法，人们能够获得不同的体现数学韵律美感的设计方案。该方法简单理解为一种可以通过计算机技术自动生成设计方案的方法（图1-39和图1-40）。

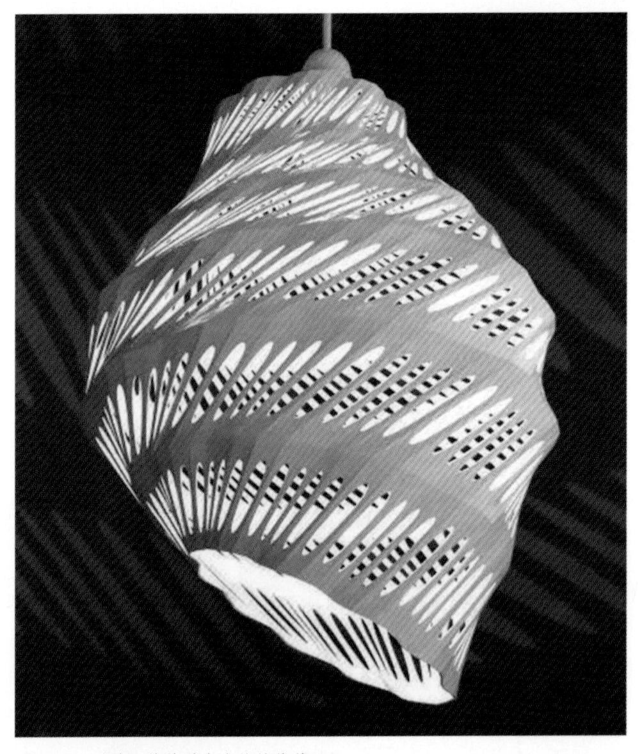

图1-39 通过函数关系产生的韵律美

常见的各种建模软件如SketchUp、Rhino（犀牛）、Bonzai3d、3Dmax 和计算机辅助工具Revit 、ArchiCAD这些所谓的BIM（Building Information Model，建筑信息模型），都属于“参数化辅助设计”的范畴（图1-41），即使用某种程序改善工作流程。这些工具虽能提高协同效率、减少错误或实现较为复杂的建筑形体，但不是真正的参数化设计。真正的参数化设计是一个选择参数建立程序、将设计问题转变为逻辑推理问题的方法，它用理性思维替代主观想象进行设计，将设计师的工作从“个性挥洒”推向“有据可依”；使人重新认识设计的规则，并大大提高运算量；它与空间形态的美学结果无关，转而探讨思考推理的过程。

图1-40 参数化设计带来的形体差异

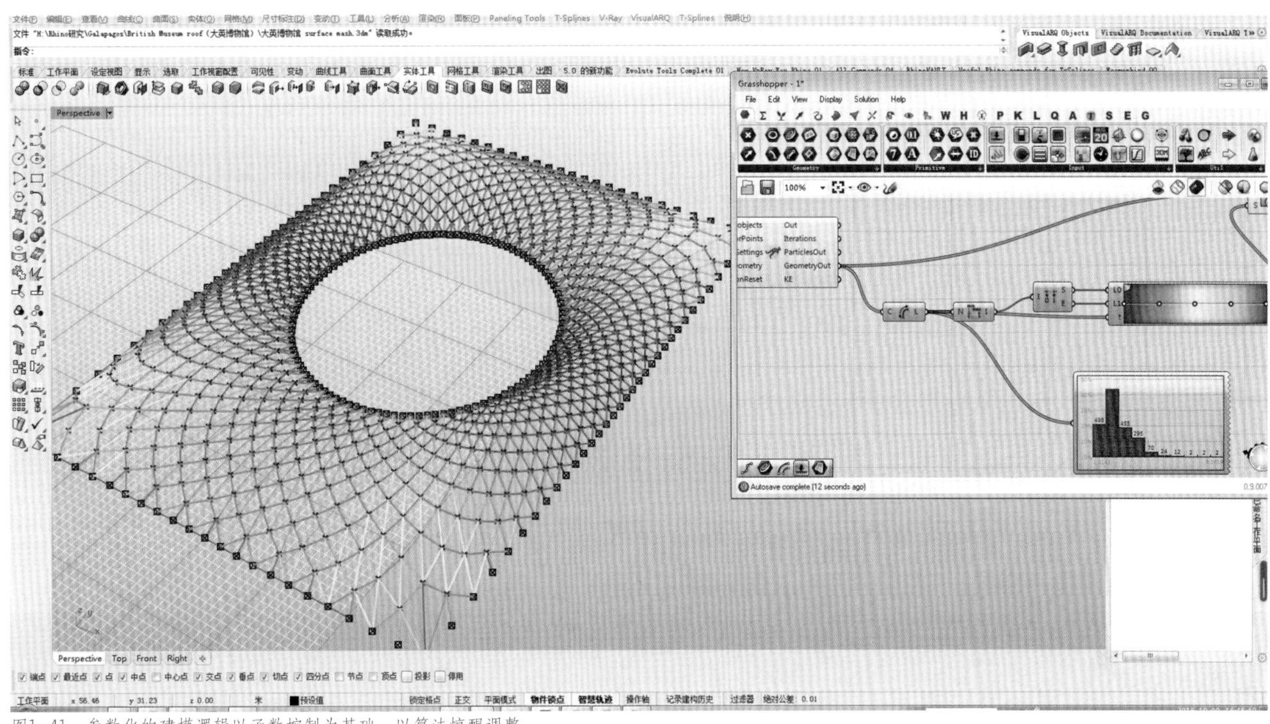

图1-41 参数化的建模逻辑以函数控制为基础，以算法惊醒调整

图1-42 参数化设计丰富室内空间立面与顶面的造型形态

参数化设计的前景之所以被看好，是因为所有的变量都是有变化范围的。如果设计师认为方案有需要修改之处，则可通过参数的变动修改方案，而不是去调节参数。经过新一轮的计算，设计方案会取得改善。这就触及到建筑空间的生成这个较为本质性的问题了。

在实际工程的应用中，能见得到的案例基本上是用参数化软件来做空间的立面或者顶面（图1-42）。随着时间推移，设计师们逐渐认识到参数化设计可能更有发展的空间。

随着多媒体在社会经济领域的广泛应用，室内设计领域也开始普遍使用多媒体技术。将室内设计与多媒体技术结合，有助于打开其新的生存市场与发展空间，且可视化技术有利于设计师创造更为人性化的展示平台，引发行业变革。AR（增强现实）、3D眼镜、VR（虚拟现实）等名词成功吸引了大众视线。因为室内设计是一门集空间、造型、材料、色彩、照明、风格于一体的交叉学科，将其与多媒体技术结合，有助于打开其新的生存市场与发展空间。例如，在设计展会和博物馆时，可以设计数字水幕（图1-43）、环形水幕或者是雾屏，平日作为景观装饰用，活动的时候可以启动投影功能，吸引目光，提升活动效果。在具体的展区内，可用互动数码橱窗技术制成虚拟展区，以新品发布或者清仓处理。

如此一来，一些文化建筑空间不需要将实物摆放出来，只需要通过图片和相关文字信息就可以让观者一目了然。可以设置虚拟呈现，用3D技术展示贵重物品等，甚至可以用全息影像营造气氛感。或者是用虚拟技术制作视觉识别系统，让观者对空间环境了然于心。在学校等较为封闭的区域，可以使用全息投影来渲染环境、营造气氛。甚至可以用植入智能办公的多种形式进行教学，例如使用魔法玻璃，在通电状态可作装饰背景或普通玻璃墙，断电状态则为模糊状，代替幕布之用。在展示空间内，可以植入虚拟现实和体感技术，令人和影像互动起来，为空间装饰平添趣味性和视觉感（图1-44）。也可营造互动氛围，例如除声控系统、远距离遥控等智能控制外，还可设置多功能影像墙，实现动态空间与静态空间的共存效果（图1-45）。

图1-43 数字水幕

图1-44 影像与人的互动技术

图1-45 利用多媒体技术实现动态与静态相结合

第 2 章　文化建筑空间设计的类型与要求

本书所提到的文化建筑空间指的是在文化建筑中涉及文化活动部分的空间，未作为文化活动的空间则不在本书的涵盖范围之内。按照文化活动的属性，可将文化建筑空间分为展示类文化空间、观演类文化空间以及教育类文化空间三部分。

2.1 文化建筑空间的分类

2.1.1 展示类文化空间

展示类文化空间主要存在于博物馆、艺术馆、纪念馆中。

（1）博物馆建筑中的展示类文化空间

博物馆建筑是指收集、保管、研究、陈列、展览有关自然、历史、文化、艺术、科学、技术方面的实物或标本用的公共建筑。博物馆按照职能可以分为标准博物馆和特殊博物馆。标准博物馆指包含收集、保存、研究、教育普及全部职能的博物馆，如国家博物馆、上海博物馆、宁波博物馆等（图2-1）。特殊博物馆是指特别注重收集、保存、研究、教育普及中某一项职能的博物馆，如上海航海博物馆、中国电影博物馆等（图2-2）。

博物馆的基本组成有陈列区、藏品库区、技术和办公区以及服务和后勤区等几部分（图2-3）。其中涉及文化活动的文化建筑空间为陈列区，陈列区包含的文化建筑空间主要有基本陈列空间、专题陈列空间、临时陈列空间等。

图2-1　宁波博物馆

图2-2　中国电影博物馆

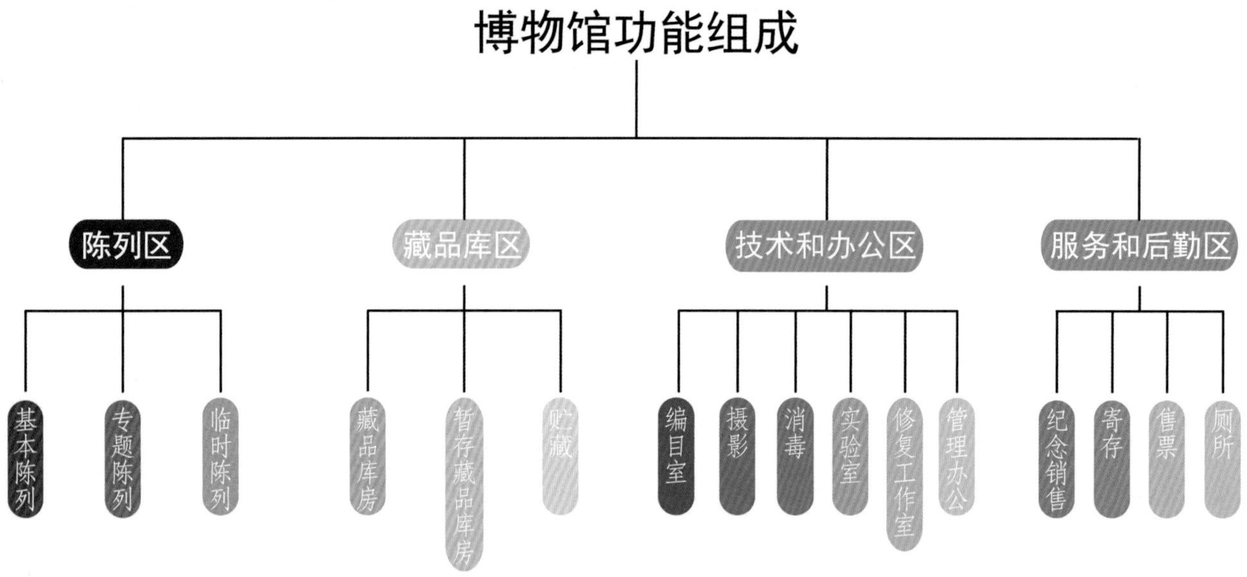

博物馆功能组成

- 陈列区
  - 基本陈列
  - 专题陈列
  - 临时陈列
- 藏品库区
  - 藏品库房
  - 暂存藏品库房
  - 贮藏
- 技术和办公区
  - 编目室
  - 摄影
  - 消毒
  - 实验室
  - 修复工作室
  - 管理办公
- 服务和后勤区
  - 纪念销售
  - 寄存
  - 售票
  - 厕所

图2-3 博物馆基本组成示意

（2）美术馆建筑的展示类文化空间

艺术馆或美术馆是保存和展出绘画、雕塑等美术作品的公共建筑。美术馆可分为综合性美术馆和专门性美术馆。前者如纽约大都会美术馆（图2-4）；后者如纽约亚洲东方艺术馆、纽约科宁玻璃艺术馆、华盛顿国家肖像馆、巴黎克卢尼中世纪美术馆、民生当代美术馆（图2-5）。美术馆建筑的功能空间组成同博物馆相类似，一般由展出、 保存、 修复、加工、研究、观众活动等部分和管理用房组成。展出部分包括基本陈列室、特殊陈列室、临时陈列室、展出庭院等。保存部分有卸车台、接纳室、暂存室、登录编目室、摄影室、消毒室、化验室、藏品库、珍品库等。修复、加工和研究部分有修复室、摹拓室、装裱室、资料室、图书室等。

图2-4 美国纽约大都会美术馆

（3）纪念馆建筑的展示类文化空间

纪念馆建筑是指为纪念某一历史事件、遗迹、史迹、人物而设立的博物馆空间，属于历史博物馆的一种，例如柏林犹太人博物馆（图2-6）。它具有一定的室内空间，并满足纪念活动和使用功能的需要，在适用性与技术性的基础上，通过纪念活动功能流线的合理组织，以及实物、雕塑、环境、气氛等内容的配合，来形成引起参观者共鸣的纪念性的氛围效果。

图2-5 民生当代美术馆

图2-6　德国柏林犹太人博物馆

图2-7　德国柏林犹太人博物馆内部空间带有很强的叙事性和情绪色彩

图2-8　上海科技馆

图2-9　参观科技馆的主体大多为未成年人

纪念馆内部功能空间配置主要包括陈列展览区、公共服务区、藏品库区、行政办公区。其中文化活动多集中在陈列展示区，相对于其他类型的展示空间，纪念馆建筑的展示空间更强调一种叙事性，用空间来讲故事，以此渲染纪念性的氛围效果（图2-7）。

（4）科技馆建筑的展示类文化空间

科学技术馆（简称科技馆）是以展览教育为主要功能的公益性科普教育博物馆机构。主要通过常设和短期展览，以参与、体验、互动性的展品及辅助性展示手段，以激发科学兴趣、启迪科学观念为目的，对公众进行科普教育；也可举办其他科普教育、科技传播和科学文化交流活动，例如上海科技馆（图2-8）。

科技馆建筑中的展示类文化空间的特殊性在于三个特征。第一方面，科技馆建筑的展示内容立足于对公众内容具有科普作用，是用来传播科学知识的空间场所。第二方面，科技馆建筑展示空间主要针对的人群是孩子，据一项全国性调查，到科技馆的成年人与孩子的比例为2：8，而在仅有的20%的成年人中绝大部分是陪孩子来的，可见名义上科技馆面向的是公众，但实际上孩子占了绝大多数（图2-9），因此科技馆中的展示类文化空间在规划布局、尺度细部、展示逻辑等方面应全面考虑未成年人的尺度、思维以及认知。第三方面，科技馆展示类文化空间是需要高度强调互动性的文化空间，结合针对的主要人群为未成年人，因此要寓教于乐，让科技馆建筑的展示类文化空间充满“好玩”的欢乐是其生命力所在。科技馆的设计应区别开“灌输式”的展示方式。

2.1.2 观演类文化空间

观演类文化空间一般存在于剧院、文化艺术中心、音乐厅、影院中。

剧院是专门用来表演戏剧、话剧、歌剧、歌舞、曲艺、音乐等文娱的场所。剧院建筑一般包含观众厅、舞台、演出准备、前厅候场、休息厅、售卖、办公管理等部分。其中涉及文化交流的文化建筑空间主要为观众厅与舞台空间。

观众厅的平面形式主要有矩形平面、钟形平面、扇形平面、多边形平面、曲线形平面、楼座平面（图2-10）。观众厅剖面形式主要有跌落式、延边挑台式、挑出式、包厢式（图2-11）。

舞台的形式主要有箱型舞台、突出式舞台、岛式（环绕式）舞台。箱型舞台包括台口、台唇、主台、侧台、栅顶、台仓等（图2-12），个别大舞台设置后舞台及背投影间。突出式舞台突出于观众厅空间，个别附有后台。岛式舞台被包含于观众厅内。

文化艺术中心一般是剧院、展厅、交流空间的综合体，因此它的空间构成兼有展示类文化空间和观演类文化空间的特征。

音乐厅类似于剧院厅，一般规模相对于剧院较小，对于观众厅的形式也与剧场相似，舞台也相对于剧场形式较少。

影院包括观众席与荧幕，一般规模尺度较小。

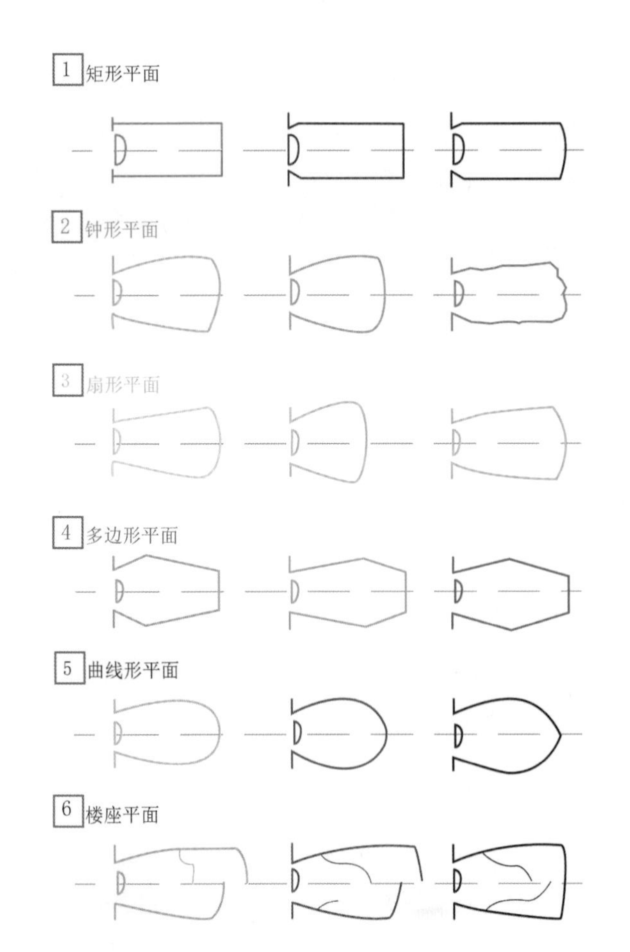

图2-10 观众厅平面形式

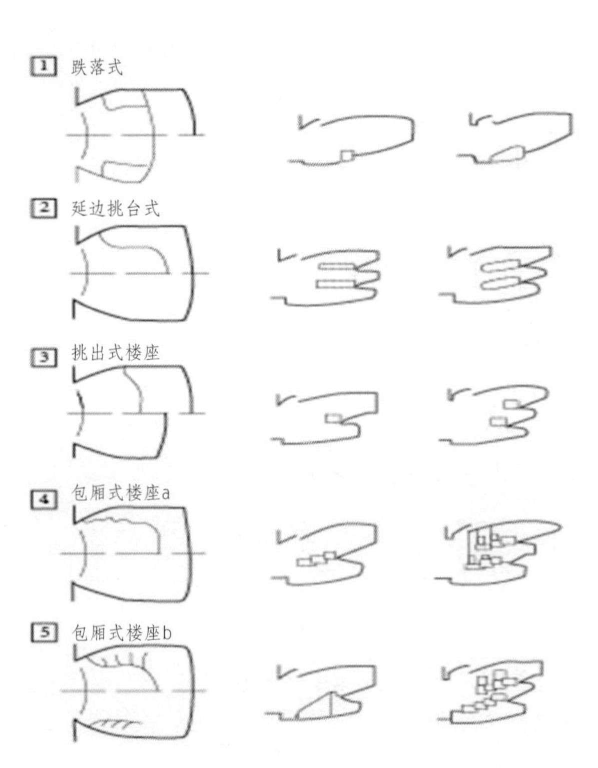

图2-11 观众厅剖面形式

（a）台唇示意

1—进大幕至台唇边最远距离；2—进大幕至台唇边最近距离；3—舞台口；4—大幕；5—脚光灯槽；6—乐队

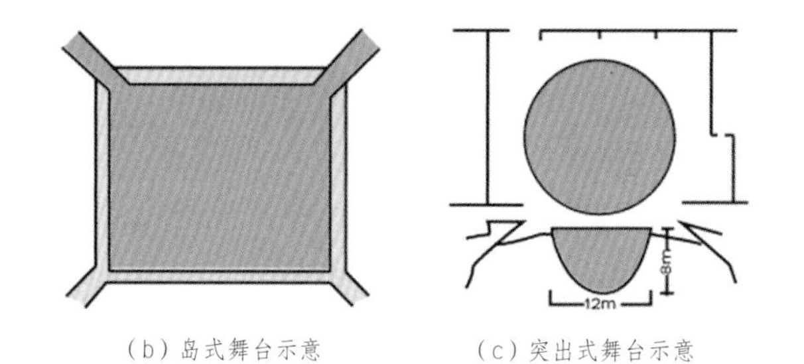

（b）岛式舞台示意　　（c）突出式舞台示意

600 mm
300 mm

（d）大台唇示意　　（e）脚光灯槽

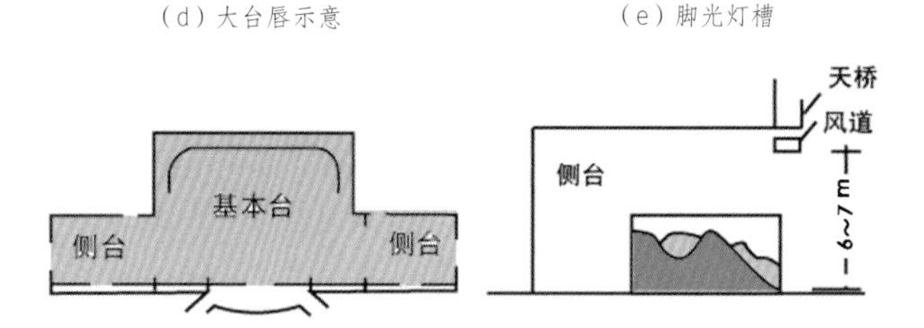

（f）有侧台的舞台平面　　（g）侧台剖面示意

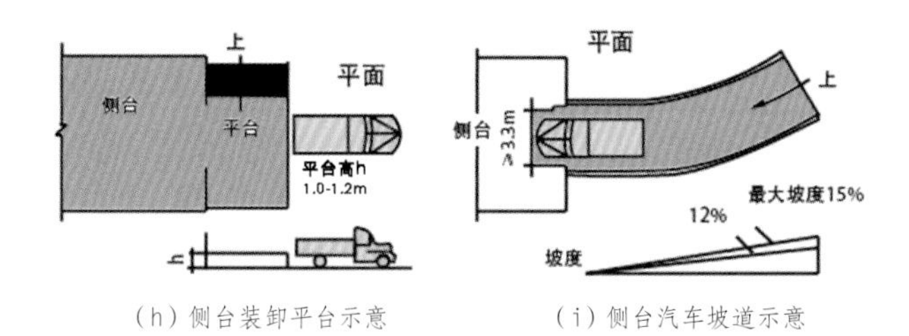

（h）侧台装卸平台示意　　（i）侧台汽车坡道示意

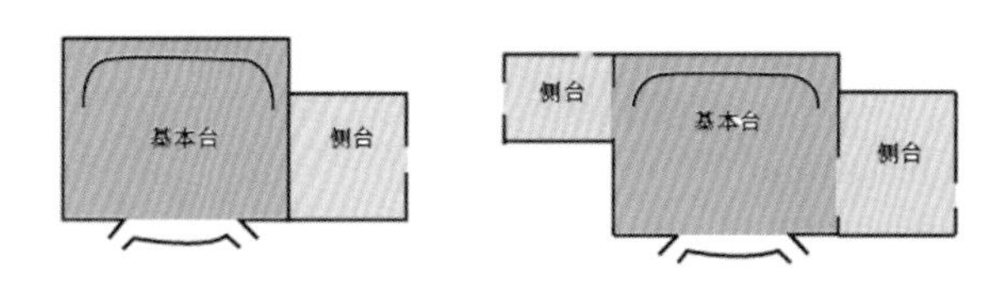

（j）单动布置侧台示意　　（k）两动错开布置侧台示意

图2-12　舞台形式及箱型舞台的主要组成及形式

2.1.3 教育类文化空间

教育类文化空间主要是指幼儿园、中小学、大学的教育场所，即教室，以及图书馆的阅读学习空间（图2-13）。

幼儿园的教室也就是活动室，是幼儿的学习以及室内活动的场所（图2-14）。幼儿园可以按照年龄分为小班、中班以及大班，小班一般为20~25人，中班一般为26~30人，大班一般为31~35人。

幼儿园的活动室设计应严格执行国家有关部门颁发的设计标准、规范和规定。其空间尺度设计应以儿童的人体尺度为主。4~6岁的幼儿平均身高在96~100cm之间，活动室内的各个尺寸需根据幼儿的平均身高来进行合理设计。同时，该年龄阶段的幼儿其四肢基本已具备了弹跳、攀爬、跑步等技能，活动室设计需能充分满足幼儿的各个生理条件和运动需要，且室内色彩尽量以鲜艳为主，因为大多数幼儿在该年龄阶段时都已经有了自己的想法，虽然在逻辑思维上还处于初级状态，但对于周围环境的认知、色彩的认知等都已逐渐形成。对幼儿园活

图2-13　图书馆的阅读空间应提供可学习的空间

图2-14　幼儿园教室同时也是活动室

动室的设计可以从室内形状、颜色、结构等方面对幼儿的感官进行刺激，进一步增强幼儿感官的认知力（图2-15）。可在室内设计一些兴趣空间，在空间环境内专门培养学生的绘画能力，锻炼幼儿对色彩的感知力，激发其想象力。但同时色彩的设计不可过于鲜艳，避免刺激幼儿的视觉神经。

阅览室是图书馆的服务设施，是图书馆为读者在馆内阅览文献而提供的专门场所。图书馆的阅览室一般分为普通阅览室、专门阅览室和参考研究室三种类型。普通阅览室有时也称综合阅览室（图2-16），开放时间较长，使用手续简便，学校图书馆还有专为学生提供自修场所而设的普通阅览室，通常不配备书刊或只配备少量书刊和常用工具书。专门阅览室是为满足特定阅览者的不同需求而设立的，便于阅览者集中阅览某一范围的文献，也便于馆员对特定阅览者和特定范围文献的研究，一般按知识门类、阅览者类型、文献类型和语种分别设置，如社会科学新书阅览室、教师阅览室、缩微品阅览室、外文期刊阅览室、亲子阅览室（图2-17）等。参考研究室是为专家、学者进行科研活动而专门设置的工作室，一般规模较小，图书馆将某一课题所需文献集中陈放在室内，供阅览者在课题研究期间专用（图2-18）。此外，一些群众团体和文化机构也专门为公众阅读现期书刊和通俗读物而设立阅览室。

图2-15　幼儿园的活动室设计应适宜儿童，能够激发儿童活动以及色彩方面的认知

图2-16　综合阅览室

图2-17　亲子阅览室是专门阅览室的一种形式

2.2 文化建筑空间的设计重点

2.2.1 功能设置

（1）展示类文化空间

展示类文化空间一般包括基本陈列区、专题陈列区、临时陈列区、配套储藏空间、休息空间等部分。

基本陈列区是展示类文化空间的主要空间组成部分，应是设计的主要重点。陈列空间之间的空间组织应保证陈列和参观的系统性及选择性。临时展览空间需要经常更换展示内容，其空间内部应开敞和可变（图2-19）。根据陈列内容的性质和规模，确定陈列空间的布置形式。当整个陈列内容为一个完整系统时，其各部分之间和每部分内的陈列品都要求先后衔接，连续不断地展示，一般为单线陈列方式；当整个陈列由各个独立部分组成，各部分内的展示不要求明确的先后顺序时，可平行陈列，一般采用多线陈列方式。

展示空间的布局设计要满足三个要求，即满足陈列要求、满足参观要求以及满足管理工作要求。

满足参观要求：①需要对人流进行合理组织，路线简洁，防止逆行和阻塞；②合理安排观众休息场所，将动线与休息空间结合设计。

满足陈列要求：①需要根据陈列的内容性质，满足不同参观路线的要求；②设计的展示空间要有灵活性，观众可全部参观或局部参观，并且参观路线明确；③照明方式宜采用人工照明和自然照明相结合的方式，做好控光处理，避免日晒（图2-20）。

图2-18　参考研究室主要提供给专家学者进行科研活动，相对规模较小

图2-19　天津滨海新区文化中心展厅的可移动隔板可灵活布置展厅

图2-20　自然照明与人工照明结合，做好控光处理

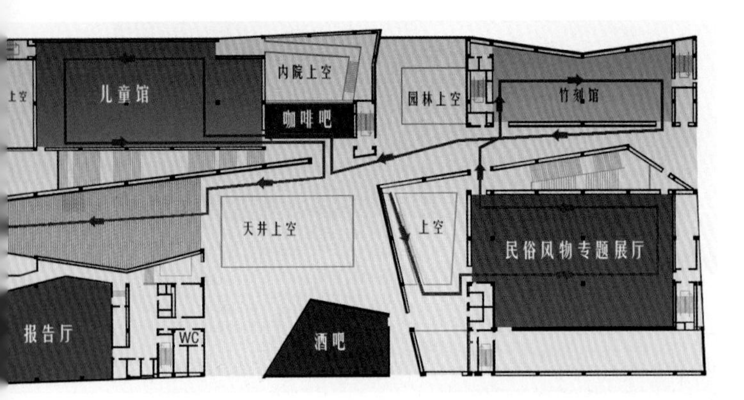

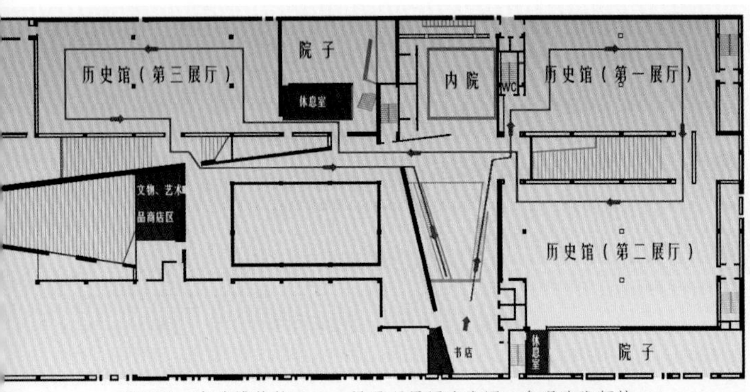

图2-21 宁波博物馆二、三层平面展厅流线图，参观路线便捷

满足管理工作要求：①陈列空间与工作人员房间要联系方便，并与参观路线不相互交叉干扰；②要便于组织观众参观、净场和展品保卫工作。

美术馆的设计要点如下。①建筑布置要明确分区，有便捷的参观路线（图2-21），避免迂回、重复、交叉。要做到既可以全部开放,也可以部分开放；观众既可以参观全部,也可以参观一部分或者中途退场。要便于展品的运输和拆装，需有必要的运输条件，如车道、电梯等。运输路线应不干扰参观路线。各个部分应留有扩充余地。②陈列和保存艺术品的房间，要防尘、防火、防盗、防潮、防鼠、防蛀、防有害气体和阳光直射（绘画、印刷品和纺织品只宜在人工照明下展出）。理想的环境条件是相对湿度40%～60%，温度16～24℃。热带和干燥地区要注意防止高温加速化学反应。③应有充分的通风和换气条件，以免空气污浊，损害珍贵展品。

（2）观演类文化空间

观演类文化空间的功能设置主要涉及观众厅与舞台空间和演出准备空间（图2-22）。舞台的形式分为镜框式舞台、伸出式舞台、中心式舞台（图2-23）。镜框式舞台是舞台部分包含于两侧侧台之中；伸出式舞台则是舞台伸向观众厅并凸出来；中心式舞台是观众四面围绕舞台。

图2-22 观演类文化空间的功能关系

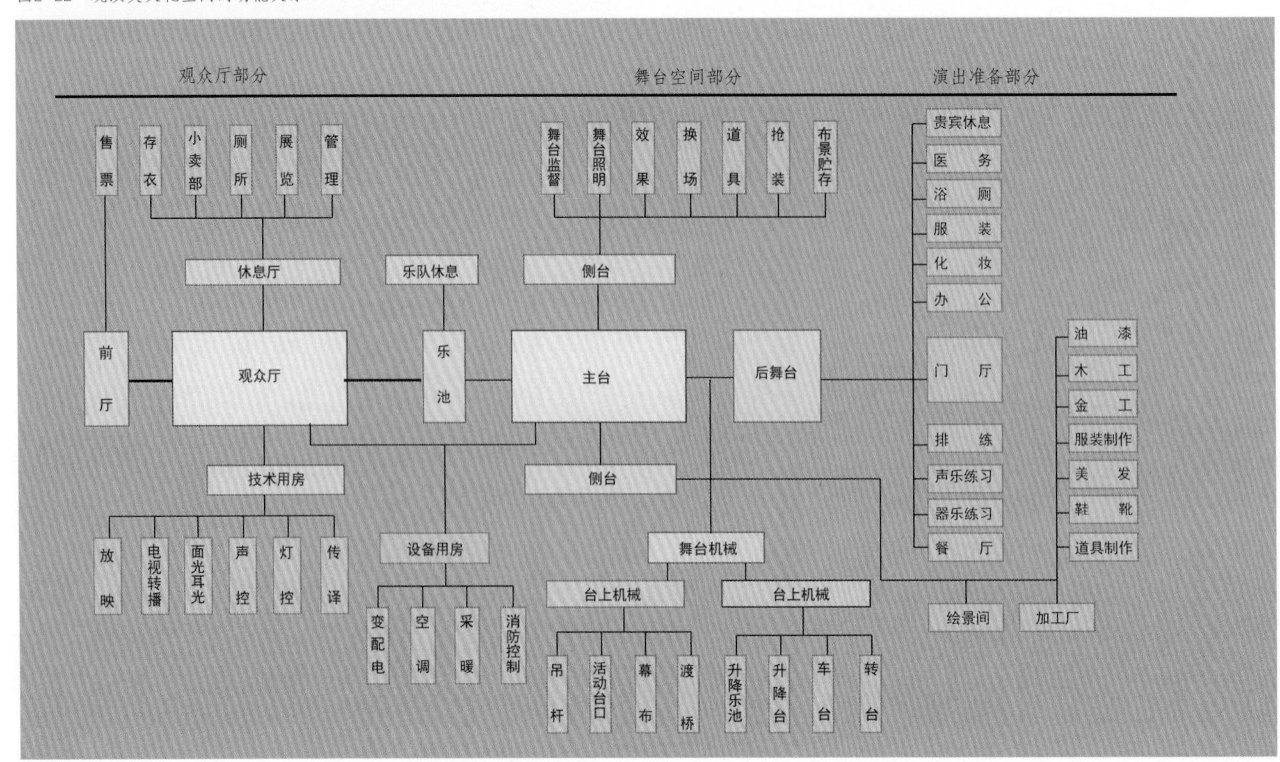

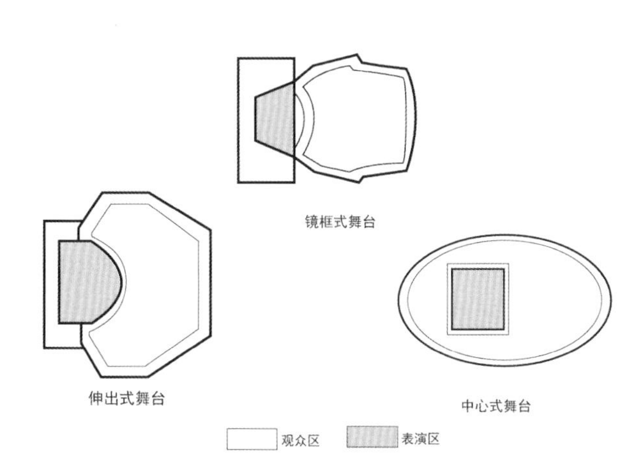

图2-23　镜框式舞台、伸出式舞台、中心式舞台平面示意

图2-24　矩形平面

图2-25　钟形平面

观演类文化空间的设计要求：①观众厅应进行视线设计，并作出视线升起曲线作为剖面设计依据；②舞台设计应与演出部门确定后台布置；③空间氛围应与所在区域居民文化素养、艺术情趣相适应；④功能分区明确，尤其注意观众流线、演员流线、布景流线三条流线要分开，景物应能直接移动至侧台。

观众厅的平面形式如下。

①矩形平面。视角较正，部分观众视距较远，是中小型剧场或音乐厅常用的平面，此种平面的剧场，宜不设楼座（图2-24）。

②钟形平面。保留了矩形平面结构简单和侧向早期反射声均匀的特点，减少了舞台两侧的偏座，并可适当增加视距较远的正座，为一般大中型剧场常用的平面形式，大剧场一般增设一二层楼座（图2-25）。

③扇形平面。有较好的水平视角和视距条件，可容纳较多的观众，大中型剧场常采用此种平面。侧墙与中轴线的夹角越小，观众厅中前区越能获得较多的早期反射声，侧墙设计为锯齿形时有利于侧墙早期反射声分布均匀（图2-26）。

④多边形平面。各种六角形或多边形平面是在扇形平面的基础上去掉后部偏座席，增设正后座席以改善视觉质量，六角形或多边形平面使早期反射声分布均匀，声音扩散条件较好。为使池座中、前区得到短延时反射声，应控制观众厅宽度和前侧墙张角（图2-27）。

⑤曲线形平面。有马蹄形、卵形、椭圆形、圆形以及其各种变形。这类平面形式具有较好的视角和视距，观众厅宽度较大时有略多的偏角座位。此类平面应有良好的音质设计，以避免若干声学缺陷的出现和促使声场扩散（图2-28）。

⑥设楼座平面。各种观众厅的平面形式均可设置楼座，成为大中型剧场空间观众席的组织形式。楼座可缩

图2-26　扇形平面

图2-27　多边形平面

图2-28 曲线形平面

图2-29 设楼座平面

短楼座观众的视距，能充分利用侧墙的早期反射声能并可容纳较多观众（图2-29）。

舞台的功能组成主要有台唇、侧台、后舞台、背投放映间、舞台地板。台唇用于报幕、谢幕、场间过场戏。侧台位于主台两侧，主要用于存放物品和换景物，一般每个侧台小于1/3主台面积。后舞台是为大型舞台所设，做延伸景区用，也可做存放台。背投放映间设于后舞台或者主舞台后，用于投射幻灯或影像于大幕，并与大幕之间保持小于2/3有效放映宽度的距离，以保证画面清晰度。舞台地板即舞台的木制地面。

观众厅的视线设计：舞台视点一般选在舞台面上的中心点处，伸出式及中心式舞台可选在距舞台边2~3m处（图2-30）。

舞台高度应小于第一排观众眼高，镜框式台口舞台在0.6~1.1m范围内，伸出式及中心式舞台在0.15~0.6m范围内。

排距：长排法0.9~1.05m，短排法0.78~0.8m（图2-31），视线升高差0.12m。

座椅尺度：硬椅扶手中距470~500mm，软椅扶手中距500~700mm。

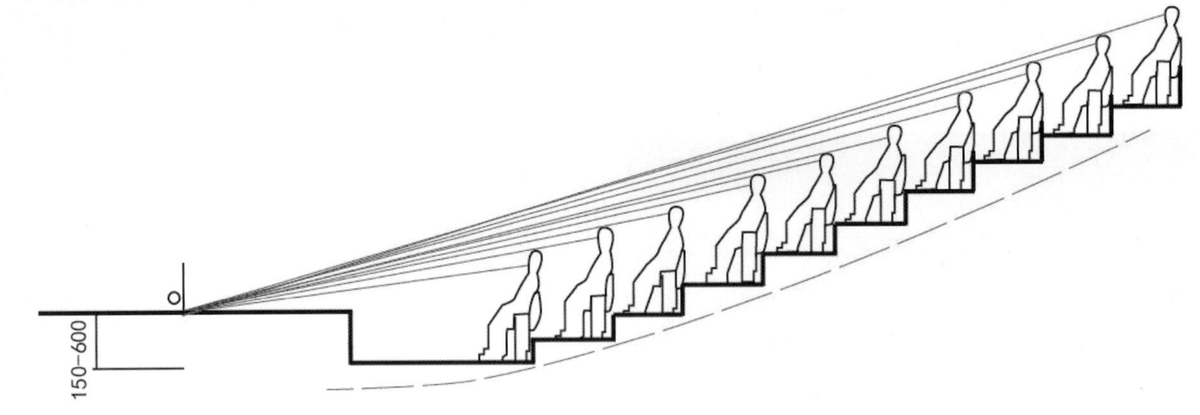

图2-30 观众厅视线视点关系示意

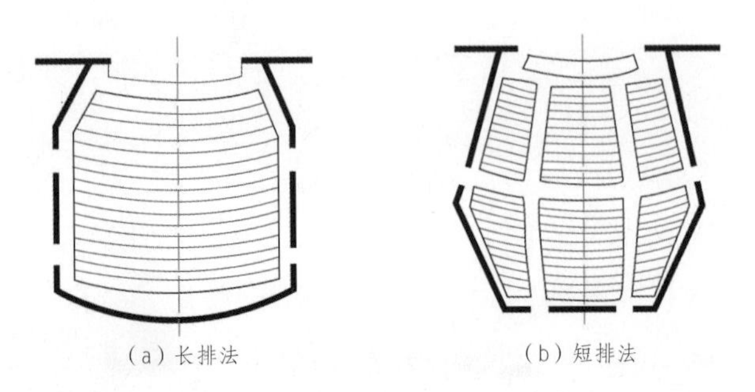

图2-31 长排法与短排法

走道：池座首排距舞台前沿距离应大于1.5m，如有乐池，应与乐池净距1m。其余走道宽度应按照所负担片区容量计算，每100座0.6m，且边走道不应小于0.8m，中间走道不应小于1m，长排法边走道不小于1.2m。

（3）教育类文化空间

教育类文化空间是围绕着教学与学习行为展开的，针对不同教学环境略有不同，包含各阶段的教室以及图书馆的阅览室。

幼儿园活动室是幼儿开展各项活动的重要场所，该环境的设计面积需要大于50㎡，室内空间无需摆放课桌，并且在家具设计上充分考虑幼儿的日常需求，设计小型书架、小桌椅、玩具箱等，在满足幼儿活动的基础上设计多变和多样化功能的家具，可将家具和室内墙面进行结合设计，减少家具占地面积，为幼儿提供更大的活动空间。

光线设计方面，幼儿园活动室窗地面积比为1：5，而该数据也表明活动室的采光要求较高，需确保幼儿视觉保持舒适的状态，能在自然光下进行各种活动。设计者可在窗户上设计不同的色彩组合，使自然光透过窗户形成不同的颜色，让活动室内的颜色更加缤纷多彩（图2-32）。

中小学以及大学的教室，是主要的教育类文化空间。除普通教室外，还有专题性的教室，如音乐教室、美术教室、多媒体教室、实验室等。

中小学教学用房采光要求冬至日底层满窗日照不少于2h，除了应有良好的朝向外，还应有均匀的光线引入并且避免阳光的直射。与教室长边相对距离应不小于25m。普通教室的设计要求教室课桌椅排列应便于学生听讲、讲课、辅导以及安全疏散。音乐教室应设置于教学楼尽端、顶层或者远离教学楼，且形式可以多样，如斜角阶梯式，三角形下沉地面阶梯式，扇形、多边形阶梯式（图2-33）。舞蹈教室可按照每名学生4~6m²设计。专用舞蹈教室在墙端面应设高1.8~2m的通长照身镜，其他墙面均安装练功把手，距地面0.8~0.9m，距墙面0.4m（图2-34）。窗台应升高至1.8m，以避免眩光。空间界面应考虑吸声处理。美术教室以及书法教室应保证均匀、充足的光照，最宜采用室外顶光（图2-35）。室内墙面应采用可以渲染艺术气氛的装饰与陈设，如画像、雕塑，并且与墙面色彩协调，还应设置水池便于清洗。

图2-32　借助窗户展现自然光与色彩的魅力

图2-33　阶梯音乐教室

图2-34　舞蹈教室

图2-35　美术教室

大学教室的设计有别于中小学教室，因其针对人群为十七岁以上的大学生，大学教室作为教育类文化空间，需要营造出一个良好的学习氛围以激发学生的创造能力，也需要结合专业性进行设计。色彩设计可以考虑多个方面的影响，例如南北方地区冷暖色系的采用上，北方寒冷区域可以多采用暖色系，南方炎热地区采用冷色系以平衡温度感受。可以用明暗关系来强调空间的光线以及焦点。饱和度影响着颜色给人以兴奋的程度。一般来说，艺术类的学生需要兴奋的教室氛围，使学生开放自己的思维。而建筑、土木等专业的学生需要沉静的教室氛围。明快的色彩也有助于大学生保持乐观的心态（图2-36）。

图2-37　英国曼彻斯特大学哥尔根数据科学研究所

学生长时间在教室里从事学习活动，良好的照明环境有助于保护学生的视力健康。日本视觉学者大山正曾做过一个试验，证明人在安静且光线适度的情况下，较易产生阅读、工作、看书报的欲望,从而增强学习的动机。相反，在微弱散乱的光线下，人的精神无法集中，可能坐立不安，久而久之，工作、学习的时间持续性变短，并容易出现疲劳的现象。由此可见 ，光线对于学习动机、眼睛的健康有很大的影响（图2-37）。

图2-38　德国鲁尔西部大学新校区

图书馆阅览室是图书馆建筑中主要的教育类文化空间，阅览室照明应根据图书的明视度、阅读性质、读者视力等进行全面考虑。要充分利用自然光，使阅览室有充足的自然光线。同时，阅览室要避免过强的眩光。避免眩光现象，首先应在自然光引入上采取控光设计，可以选用百叶窗、格栅等构件予以控制；其次，室内局部

图2-36　有明快色彩的大学生教学空间

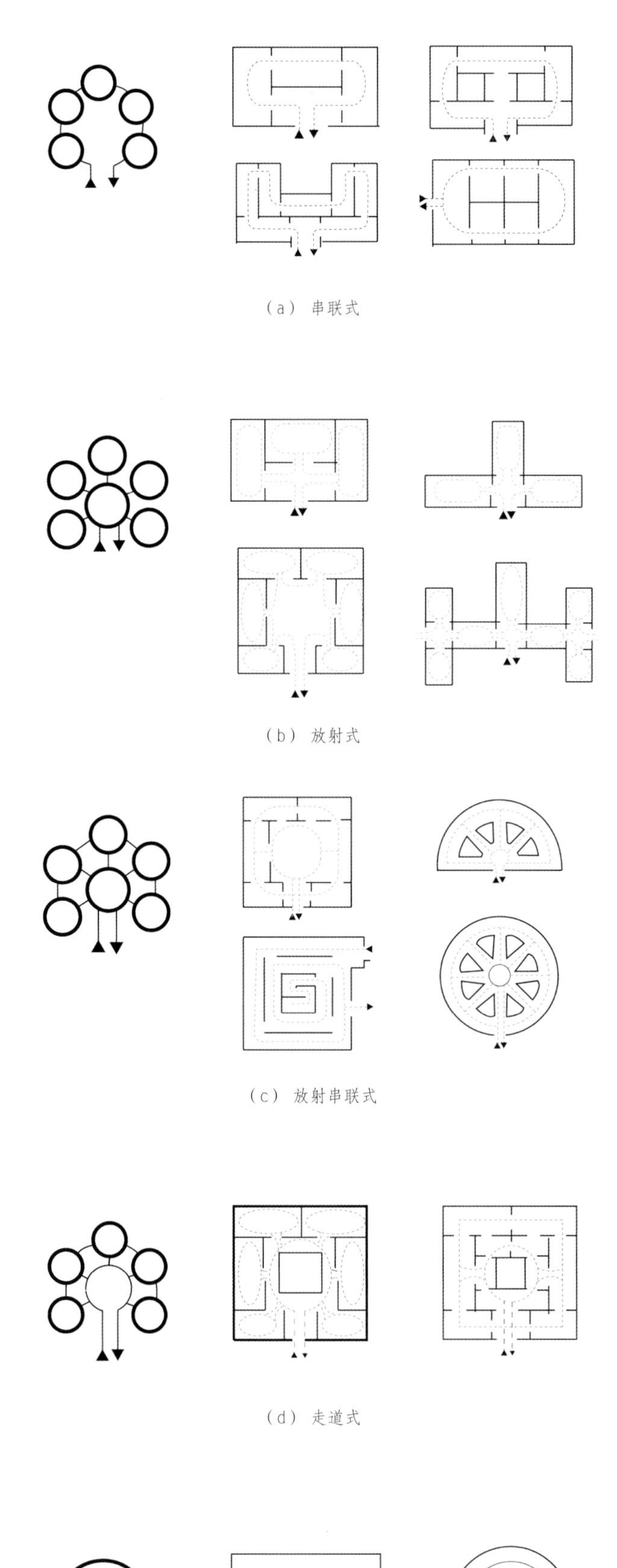

图2-39　展示空间布局方式

照明灯具应尽量设在书籍的正上方（图2-38）。阅览室的人工照明通常以阅览桌面平均照度来表征室内照度水平，一般阅览室（离地0.8m）的平均照度为100~200lx。

2.2.2 流线设计

（1）展示类文化空间的流线设计。

流线设计对于展示类文化空间尤其重要，影响着整个空间的阅览以及行进方式，好的流线设计可以丰富展示类文化空间的观展体验。展示空间的布局主要有串联式、放射式、放射串联式、走道式、大厅式。串联式布局是将各个展示空间相互串联，这种布局形式观众参观路线连贯，方向单一确定，但是灵活性差，易堵塞，适用于中小型、连续性强的展出。放射式布局是将各陈列空间环绕放射枢纽来布置，一般是将前厅、门厅作为放射枢纽，观众参观一个或者一组展示空间之后，经由放射枢纽到其他部分参观，路线相对灵活，适于大中型展出。放射串联式布局是将陈列空间与交通枢纽直接相连，同时各个展示空间彼此串联，这种布局形式结构清晰，同时保留了一定的流线灵活性，适用于中小型图书馆。走道式布局是将各展示空间用走道来串联或并联，参观路线明确而灵活，但交通面积相对较多，因此适用于连续或分段连续式展出。大厅式布局则是利用大厅综合展出或灵活分割为小空间，布局紧凑、灵活，可根据需要，连续或不连续展出（图2-39）。

对于单一空间的流线行进方式可以分为口袋式流线、穿过式流线以及混合式流线（图2-40）。口袋式流线的显著特征是入口与出口是同一个，即单个入口同时负责进出。穿过式流线是从一个口进而在对向另一个口

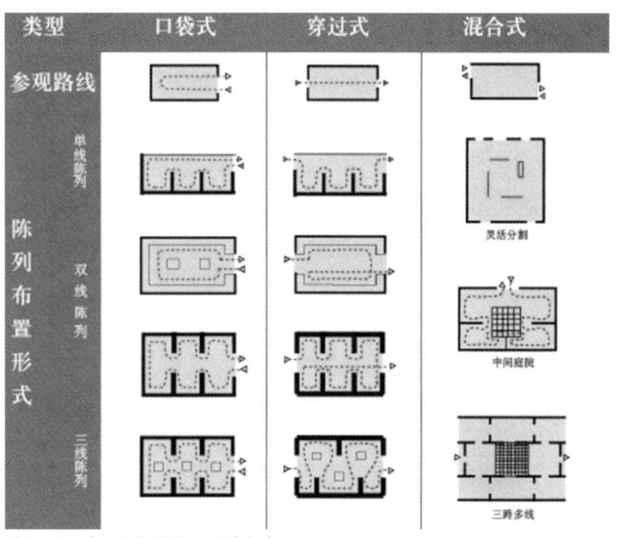

图2-40　单一空间的流线行进方式

出，具有明显的线性方向。混合式流线则更为灵活，可以是多个出入口同进同出，也可以通过中央庭院环绕行进。

（2）观演类文化空间的流线设计

观演类文化空间的流线设计主要是指观众厅和舞台的流线设计。观众厅流线主要引导观众的进厅与出厅的行进路线，流线的主要目的是安全疏散。观众厅内疏散通道每百人不得小于0.6m，最小宽度不应小于1m，边走道不宜小于0.8m。观众厅走道按照“井”字形划分观众厅座席（图2-41）。短排法双侧有走道时数量最多不超过22个，单侧有走道时不超过11个；长排法双侧有走道时不超过50个，单侧有走道时不超过25个。

观众厅外门楼梯走道疏散宽度百人指标如表2-1所示。观众厅出入口应均匀布置，主要出入口不宜靠近舞台，每个出入口疏散人数不超过250人。观众厅出入口按观众厅人数计，但不少于2个。规模超过2000人时，每个出入口疏散人数不超过400人。楼座应至少设2个出入口，出入口应设双扇门，宽度应在1.4m以上，向疏散方向开放。

舞台的流线设计主要为演员登台以及下台服务，应便于道具运送，演员候场上场和下场以及后台准备。

（3）教育类文化空间的流线设计

教育类文化空间的流线设计包含教室空间与图书馆阅览空间的流线设计。为了方便管理，教室空间一般采用前后两个门来组织流线，有的大型教室出于安全疏散考虑会设前中后三个门。阅览空间因为同时具备书架、书库等陈列展示类功能区以及阅读、学习、休息功能区，因此图书阅览空间的流线设计应注重组织好相应“行”与“停”之间的结合，要让阅览者能够在行进当中选择图书，也能够在行进当中便捷地找到可供阅读和学习的停留场所。其动线组织一般可采用并排式（图2-42）和结合式（图2-43）两种方式。并排式是指书架并排矩阵布局，阅读空间随之布置在一侧或者两侧，这种集中行进、集中阅读的形式布局清晰，但此种流线弊端也显而易见，即动线相对单一，缺少变化。结合式的是指将书架作为空间分割的构件，围合或者界定出的空间将阅读和休息空间结合进去，这种流线形式可以巧妙地将“行”与“停”结合在一起，流线体验较为丰富，但是在设计时应注意其规律性，避免众多空间过于复杂，产生迷宫一样的效果。

图2-41　观众厅走道按“井”字分割观众席

表2-1　观众厅外门楼梯走道疏散宽度百人指标

宽度指标：m/100人

疏散部位		观众厅座位数	
		<2500个	<1200个
		耐火等级（不低于）	
		一、二级	三级
门和走道	平坡地面	0.65m	0.85m
	阶梯地面	0.75m	1.00m
楼梯		0.75m	1.00m

图2-42　并排式流线组织

图2-43　结合式流线组织

图2-44　荷兰阿姆斯特丹内饰设计年展

图2-45　德国克尔特文化中心

图2-46　荷兰阿姆斯特丹国立博物馆

2.2.3 氛围营造

（1）色彩设计

文化空间的氛围营造首先离不开色彩设计，任何文化空间中色彩的视觉效果都是显而易见的，色彩设计的成功运用，对于烘托、加强文化气氛，突出文化气息，起着重要作用。

①展示类文化空间的色彩设计可以将空间功能关系与色彩进行结合。展示空间中分为不同功能区域，功能是展示设计过程中首要考虑的问题。设计中除了要考虑造型设计计划功能空间外，更要注意色彩的处理，根据不同的功能和造型选择适应的色彩，利用色彩的变化来区分展示空间中的功能分区。用色彩来区分每个功能分区，观众就可以快速地接收每个功能区的有利信息，达到最佳的展示效果（图2-44）。比如：展示的交通空间目的是引导、指示，起到疏导参观群众的作用。在色彩处理的时候，将地面、墙面以及立柱等设施通过同种色或近似色的层次感来达到指示的效果（图2-45）。再具体一点：一是可以通过色彩明度的高低变化引导观众；二是通过色彩饱和度的变化引导观众；三是通过色彩冷暖的变化，甚至还可以通过色彩面积的变化，包括色条或色块的大小、宽度的变化，来起到引导作用。

展示道具是展示展品时所使用的辅助工具，是维护展品，陈列、吊挂、粘贴展品的设备工具，使参观者能多角度地观察展品，掌握更全面的商品信息。展示道具设计中，色彩的运用也有很多要求，要考虑整个展示环境，还要考虑展品，颜色选择尽量要简洁、单纯，以衬托展品为目的（图2-46）。

首先，展示道具色彩选择中性色彩最佳，例如黑色、白色、灰色三色，这三种无彩色可以和任何颜色的商品搭配，不会出现喧宾夺主、色彩顺色的现象。其次，展示道具的外表色彩要能够衬托展品色彩，绝不能选择和展品颜色相近的色彩，建议选择与展示商品颜色有明显差别的对比色。在选择展示道具颜色时，一定要先明确展品的特征是什么，展品的主体色是什么，再有针对性地设计展示道具的色彩。现代展示空间设计案例中，多数展品的展示道具是以白色、灰色、黑色为主色的，因为这三种颜色能够与展品的颜色形成有效对比，进而能让观众的眼睛落到和这三种颜色形成对比的展品身上（图2-47）。设计师在选择展示道具颜色时，一定要考虑展示空间整体的色彩基调，要和整体色彩基调相协调。

图2-47 黑色、白色、灰色常作为展厅和展具的主颜色

②观演类文化空间的色彩设计主要是为了烘托舞台氛围，将视觉焦点集中于舞台之上，因此观众厅的界面设计采用整体统一的色系较为妥当，观众厅通常给人以较强的视觉刺激的色彩和形状来吸引人的注意力（图2-48）。舞台同观众厅界面在色彩设计方面常采用对比的方式来烘托氛围。色彩对比可以采用观众厅与舞台色相对比、明度对比、饱和度对比、冷暖对比，以此凸显舞台地位（图2-49）。

在舞台的色彩设计中，色彩搭配时要特别注重舞台美感，另外也要让观众感觉舒适。舞台设计的颜色不一定要多么花哨，颜色太过杂乱会让人觉得非常模糊混乱，会让观众产生厌倦情绪。一般情况下，色彩接近的或者看上去明亮度差不多的色彩搭配在一起可见度低，例如紫色背景搭配咖啡色主体、淡黄色背景和白色主体等。颜色之间的差异越大，搭配在一起时可见程度就越高，例如红色作为主体，白色作为背景。设计师必须努力去研究不同颜色之间搭配的效果，协调好主体和背景的色彩搭配，使两者之间互相呼应，形成一个和谐统一的整体。

③教育类文化空间的色彩，除了具有美观的作用外，也是学生在学校中的活动、学习乃至身心健康不可或缺的关键因素，并且能够起到潜移默化的作用。由于教师和学生们大部分的教学活动交流都是在普通教室里完成的，普通教室必须满足不同类型的课程以及不同年级学生的需求，因此在普通教室中最适宜的是明快、自然和轻松的色彩（图2-50），例如浅粉红色、浅绿色或者浅黄色等低明度的色彩。但也要避免在同一间教室中使用过多的高彩度色彩（图2-51），因为这样容易引起视觉疲劳。同时要注意不要让所有教室的主体墙壁色彩

图2-48 广州歌剧院观众厅，较统一的色系、较强的视觉刺激色彩

图2-49 通过明度将舞台部分凸显

图2-50 普通教室的色彩尽量自然、明快

都千篇一律，可以依据不同的年级选用合适的色彩。另外，值得注意的是学生在上课过程中经常面对的是黑板（图2-52）。事实上，黑板的色彩可以采用明度较低的浅绿色或者浅蓝色，这样可以达到让学生集中注意力、避免视觉疲劳的目的，同时教室中适当色彩的应用还可以增加孩子对教室环境的兴趣，增加审美趣味，也可以采用整面的玻璃板作为黑板，使整面的板书作为教室装饰的一部分，烘托教学气氛。除了教室的墙面之外，教室最主要的色彩配置物品就是课桌。无论是上课，还是写作业，孩子们大部分的活动都是在课桌上完成的，他们面对桌面的时间最长。因此，为了避免长时间相对产生的疲乏感，课桌的颜色也可以采取带有自然原理的原木色。根据德国的色彩学家研究表明，原木颜色的课桌椅对孩子们的情操教育有良好的收效，可以培养孩子们丰富的情感（图2-53）。

（2）艺术装置的影响

文化建筑空间的氛围营造离不开空间中艺术装置的影响。我们常能在博物馆展示空间中通过一个艺术装置迅速建立起对该空间的艺术氛围感知，也能在进入美术馆之前通过艺术招贴知晓其内部空间的艺术功能，还可以在京剧剧院的文化建筑空间中通过空间界面的种种京剧符号来明确该空间的主题，这些都是文化建筑空间氛围营造中利用艺术装置来渲染出来的。因此，文化建筑空间的设计不单要有基本的室内设计要素，还需要设计者通过其艺术品位把握、选择恰当的艺术装置作为整个文化建筑空间的必要的点睛之笔（图2-54）。艺术装置主要包含雕塑艺术作品、装置艺术作品以及绘画艺术作品。

图2-51　即使是幼儿园活动室，色彩多样也不应饱和度过高

图2-52　一般普通教室的墙面配有黑板以及幕布

图2-53　原木材质具有较好的宜人性

图2-54　通过艺术装置提升空间的文化性

①雕塑艺术作品。雕塑艺术作品常用在纪念性展示类文化空间当中，用以明确历史性的主题人物或事件。雕塑艺术作品在空间设计中的应用不局限于地面位置的陈设，还可以选用浮雕作品作为立面丰富的手段，以及悬挂式的雕塑作品丰富顶面装饰，将雕塑形式作品灵活地应用于空间中的各个界面（图2-55）。在应用雕塑艺术作品点缀装饰空间时，应注意光线的配合，能够突出雕塑艺术作品的立体感和美感。

②装置艺术作品。装置艺术作品和雕塑艺术作品相类似，但是其反映的艺术风格更为抽象，材质选用多样，因此富于现代气息，多应用在现代前卫的文化建筑空间当中。因其选材范围广，还可以将空间设计中的建材予以发挥，强调其作为在空间中的视觉焦点作用或构成美感（图2-56）。

③绘画艺术作品。绘画艺术作品是文化空间设计中应用最广泛也是最便捷的方式。它一方面可以装饰文化空间的界面，营造文化氛围；另一方面可以作为文化宣传的直接方式展现给观者，运用图形、文字等形式直接宣传文化建筑空间的内容（图2-57）。

（3）光色设计

在文化建筑空间设计中，光色设计主要针对固有色、光源色以及显现色。光源色是指灯光本身带有明显的色彩倾向，能对物体自身的颜色有影响。固有色是指物体本身所拥有的颜色。光源色是光源带来的颜色，光源产生的颜色变化可随意改变，有很大的灵活性，它能使展示主体的颜色变化更加丰富。显现色是指物体固有色在光源色下显现的最终为肉眼所看到的颜色，因此设计师要重视色彩与光源之间的联系。

在使用灯光的空间中，光的颜色会和被照射物的颜色产生折射、反射、叠加的效果（图2-58），例如蓝色

图2-55 浙江大象艺术公馆

图2-57 某教育空间
绘画艺术应用于空间设计中一方面可以装饰界面；另一方面可以直接起到宣传作用。

图2-56 日本东京国家艺术中心10周年“时光森林”展
采用抽象、选材自由的装置艺术作品成为空间的焦点。

的灯光照在黄色的展品上就会呈现蓝绿色。如果展品是黄色的食物，打上蓝光后就有食物变质的感觉，会影响物品的展示。中性色基本不会影响物体的真实色彩。所以，一般来讲，展示灯光选择中性色。暖白色的光源适合表现暖色系列的物品，冷白色在展示设计中给观者营造的光源适合表现冷色系列的物品。另外还要考虑光源本身的温度，考虑光源长期照射产生的热量会使食物类物品变质、褪色的问题等，在设计时就要想办法避免这些缺陷，调整光源与物品的照射距离，或是改变光源的大小等。

在处理光源色彩时，首选应考虑的是接近自然的光源，如果选择人工光源，就要综合考虑物品包装的色彩和展品的质地肌理，以及展示道具和展示空间整体的色彩基调。

文化建筑空间设计师需根据不同的设计主题，需要各种各样的灯光环境，比如聚光照射、散点照射和辅助光源。根据不同的对象，采用不同的光源和光色，既要考虑光源本身的色彩倾向，也要考虑光源的热量对展品、观演以及阅读等活动的影响（图2-59）。

图2-58　深圳设计博物馆展厅

2.3 文化建筑空间的人性化设计

对于文化建筑空间来说，以人为本，就是以使用者为中心开展各种各样的活动。落实到空间设计方面，就是以使用者在文化活动空间内的活动作为出发点，处处考虑使用者的需求。这个空间环境诱导并控制着人的心理趋向，构成了人在空间之内最主要的活动方式。做到人性化就必须树立开放的设计观，充分理解人的多层次需要和需要的多层次。

2.3.1 人的心理和人的行为

文化建筑空间可以看作是文化功能阐述者与使用者交流的媒介。因此，使用者的文化体验以及相应的对策是文化传播的本质所在。我们知道人的心理活动过程主要分为被吸引、兴趣、联想、欲望、比较、行动、满足。

使用者心理倾向，往往直接或者间接地影响着体验的行为，在使用者的需求动机支配下，产生一定的体验欲望，而不同的使用者其需求目标、文化消费标准、参观的心理过程存在着差异，选择的过程也有所区别。

图2-59　运用光色反射、叠加产生的空间效果示意

人们认识和接受文化体验的过程，最先有大概的印象，进而精确分析，然后运用已有的知识和经验，综合地去联系并理解、完成。而不同方式的文化展示还受使用者习惯、习俗、性别、爱好、职业及生活环境等因素的影响，不同的使用者对不同文化展示各有偏爱。现今的文化空间体验行为主要有两个方面的因素：一是主动体验，由于生活水平提高，文化消费者有了一定倾向的体验，因此为了能更准确地把握住使用者的体验心理，在文化建筑空间的设计上应创造一个良好的文化互动与选择，从而产生文化消费冲动，使人群产生积极的诱导性文化消费；二是被动体验，是采用人的好奇心理进行引导的一种体验方式，因此这种方式需要在空间设计上采用巧妙引入的方式（图2-60）。

图2-60 北京耐克活动展厅，通过积极引导性的设计使参观者能够进入体验

2.3.2 人的审美

空间艺术也是一种时空艺术，人在室内运动的过程中，随时间的流逝形成了不同的观看角度，这种在时间上的延续移位，可以说是人赋予空间的一种实在性。具体来说，人对文化空间的审美主要体现在以下三种形式。

（1）静态美

表现为完整、单一、封闭、独立，与其他外在空间缺乏有机的联系和贯通，有着较好的“私密感和安谧感”。总体来说，在感受空间中密集的文化信息之余，人们总会寻觅一个安静的角落去稍作休息（图2-61）。

（2）动态美

表现为活跃而富有生气的空间形态，基本特征是外向、连续、流通、穿插、模糊，表现了独特的动态空间形态空间美。从文化建筑空间内部来说，无论是汇集与疏散人流的流线、文化展示复合空间的组织，还是体现环境特色的中庭，都建立在人的不断运动的视觉基础上。

（3）变换美

趣味空间可以呈现出奇妙多变的动感效果。在文化建筑空间设计中，特别是娱乐性场所及互动空间动静交织，空间层次变化丰富，充满着独特的美感享受。空间的“变换美”正如莱特所说：“有着极大的包容性，蕴含着动的潜力和无穷无尽的变化”。

图2-61 相对静谧独立的静态空间之美

第 3 章　文化建筑空间设计方案的切入点

文化建筑空间具有很强的公共性，这就使得文化建筑空间方案设计必须具有鲜明的方案特色以寻求良好的空间体验。因此在接到文化建筑空间的设计任务时，我们需要对设计方案找到一个合适的切入点，这也是我们考虑文化建筑空间设计方向的基本路线。无论是展示类文化空间、观演类文化空间或是教育类文化空间，都需要在某些方面的设计有突出的表现。本章主要介绍应从哪些方面着手构思前期方案。

3.1 分析对象

3.1.1 从功能切入

建筑空间的首要任务是满足使用功能的需要，因此，文化建筑空间的设计初期应首先考虑所设计项目的功能需求。例如展示类文化空间在设计时应首先考虑其展示功能的满足，在场地中分成几个区域，满足不同的展示需要，以及各区域采用何种展示方式，都是方案初期出于对功能满足的设计考虑；观演类文化空间在设计时应首先在功能上考虑视听功能是否满足，不应出现视听的障碍以及盲区，观众席以及舞台后台各功能空间是否被妥当地安排在场地之中；教育类文化空间的功能需求围绕着学习行为而展开，空间的尺度以及家具的尺度是否满足学习需要，将教学空间的功能要求纳入方案初期的重点考虑，理清功能之间的构成关系（图3–1）。

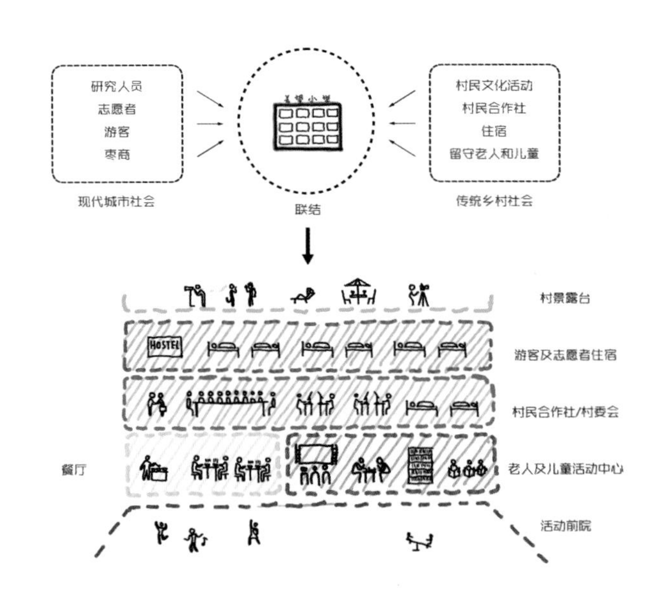

图3–1　山西枣园小学改造方案初期功能构想

空间功能的构思，首先考虑其针对性与综合性。无论是城市还是建筑室内，都是一个承载大众文化生活行为模式的容器，其功能也会随着时代发展变得复杂多样，甚至在一天之内空间功能就会随着需求进行变化，因此文化建筑空间的公众性越强，空间的开放性也越强。功能设计上也应注重综合性与灵活性。综合指的是包含功能种类的综合与全面；灵活是指不同使用功能可以复合到同一空间中，能够根据需要不断转换其他功能形态。例如贝聿铭在卢浮宫博物馆扩建中利用“贝式光厅”（图3-2），将不同的功能空间复合为一体；它不仅仅是公众活动的场所，也是组织博物馆各个展厅的核心空间，必要时还能承担艺术品展示和艺术活动。在中庭的周边还布置了商店、餐饮、咖啡等空间场所，以缓解街区交通压力的地下枢纽。

3.1.2 从流线切入

随着文化活动的形式多样，在空间中的行动目的也不尽相同，在空间体验的过程中使用者希望空间中的流线为其可能发生的行为活动提供足够的选择性。传统的文化建筑空间中流线相对固定，一般以既定单一流线为主，公众沿着既定流线体验空间，而在越来越讲求开放性的今天，文化建筑空间的流线组织更追求具有选择性的流线，并且在不同流线之间的转换交接能够灵活顺畅，可以发挥使用者在文化建筑空间中活动的主观能动性，让空间体验不再是单一的强迫式的路径方式，增加流线的趣味和可选择性，使文化建筑空间灵活开放（图3-3）。

图3-2 卢浮宫博物馆的“贝式光厅”

图3-3 文化建筑空间中多条流线提供可选择的余地

图3-4　螺旋式的上升坡道，使观者的步行体验加入了纵向的维度

流线的形式还可以多样的方式呈现。传统的空间流线都是在二维空间上进行组织的，即流线的组织无非是在水平方向或是垂直方向这两个维度进行。随着设计水平的发展，文化建筑空间的流线体验呈现多样性的特点，比如越来越多的文化建筑空间运用螺旋式（图3-4）或者是折线式的坡道（图3-5）来组织流线，让空间体验复合了水平和垂直方向，而具有立体性和连续性的效果。采用坡道式的流线能够很好地促进各空间的相互渗透融合，让公众不仅停留在二维空间中，还位于三维的变量空间中。

设计时需要使流线满足各类使用需求并且保持相对独立。在文化建筑空间的体验中，并不一定是为了观展、观剧、学习，还有可能用于体验文化、放松休闲，在具有开放性、公众性的文化建筑空间中，其内部功能复杂多样，附属功能的流线与主要功能流线同样重要，这两种流线应尽量做到相互独立，这种相对独立能够保持空间序列相对完整，也可以保证在其中的文化活动行为模式互不干扰。保持这些流线的条理清晰，相对独立完整，避免公众面对繁杂的流线而困扰以提高公众的愉悦体验感。

图3-5　折线式的坡道在空间中的应用

在有具体功能关系的前提下梳理空间中的流线走向设计，文化建筑空间往往需要设计者进行巧妙的设计以更好地展现空间的亮点。展示类文化空间的流线设计需

图3-6　某展示空间有序地将空间串联起来

要能够将所有展区有次序地串联起来（图3-6），方便参观者参观到每一处展品前，在室内设计中同样要善于抓住参观者的兴奋点,提高他们的兴趣，从而调动参观者的积极性；观演类文化空间要将观众以及演员、后勤道具的流线分开设计，不可有三者流线的交叉，且应做好大人流的疏散；教育类文化空间的流线设计应符合学习行为，例如教室的学生流线一方面要进出明确，另一方面应在教师视线可控的范围内设置出入口，方便教师对学生的管理；图书阅览室的流线除了方便学生对于图书的选择、浏览外，还应将学生流线与货运流线分开，尽量避免交叉。

图3-7 法国洛代夫博物馆

3.1.3 从光影中切入

（1）文化建筑空间对采光的要求

光影是空间氛围效果的重要方面，在文化建筑空间中各类空间对于采光要求也不尽相同。

展示类文化空间因为需要根据对展品的保存要求而进行采光的控制，自然光线对很多展品有一定的损坏作用，所以需要空间中借助人工照明来满足光线的需求（图3-7）。大多数观演类文化空间则对自然采光是全面隔绝的，因为观演类文化空间经常需要使用舞台灯光来营造舞台效果，自然光线会干扰灯光效果（图3-8）。除少数露天剧场外（图3-9），很少将自然光线引入观演类文化空间。教育类文化空间一定要引入自然光线，因为涉及人的学习行为时自然光线是必不可少的，并且规定教室一定要满足冬至日日照时间，但同时需要注意的

图3-9 加拿大三河城露天圆形剧场

图3-8 荷兰登波士剧院方案设计
为方便舞台灯光营造氛围，因此隔绝自然光线。

是，也不可过多地引入自然光线造成眩光现象，因此教育类文化空间一方面要引入自然光线；另一方面要做好控光措施（图3-10）。

光影形态可以创造室内空间的实体形式，利用光影的疏密、强弱等特征，对室内空间造型上有隐藏、突出、夸张、统一、修饰等作用来营造室内空间形式。如光影形态可以协调室内空间各局部的造型形式感（图3-11），增强室内空间整体环境的统一协调性；室内空间在自然光影与人工光影的共同作用下，可以表现出色彩、明度、强弱等变化形式，让人对室内空间有尺度和深度变化的感知；光影形态的敏感差异、空间开合、面积大小以及形状变化，可以组成室内空间的视觉中心，表现出室内空间光影形态的主次关系，并对人有导向作用（图3-12）。

相比于光影形态创造室内空间的实体形式，光影形态还能从其中游离出来，形成虚空间，但这种光影形态虚空间是由人对光影的感知来界定的（图3-13）。例如在舞台表演空间上的一束追光与周围黑暗的阴影形成了虚空间的心里感知。除此之外，光影形态还能营造室内空间中物体展现形式，勾画出物体轮廓，形成明暗变化，造成立体感，例如底部照明形成独特的光影形态，塑造物体和地面悬浮的视觉错觉，让整个室内空间变得轻盈和通透（图3-14）。

（2）光影形态的作用

光在墙面上产生的光点、立方体的平面阴影等是光影在室内空间的二维表现。光影的二维形态多数是光影轮廓的直接反映，在室内空间环境中光影的二维形态多借助人工照明完成，如射灯、LED灯带、投影设备等。光影形态在二维空间主要以点、线、面的形式呈现。

图3-10　杭州未来科技城海曙学校

图3-11　展示空间中的光影使得展品造型更具立体感与形式感

图3-12　某展厅中利用光影的主次关系可以形成视觉焦点，对人具有导向作用

图3-13　展示空间中运用光影形成相对于实体空间的虚空间。

①点。光影作为二维形态，是空间画面中最小的构成元素。光影二维形态的点可以指代空间中的某个地方，其界定是根据旁边参照物体的大小相比对的，其含有中心指示、律动、欢快的视觉特性（图3-15）。在室内光影形态中点是最小的视觉单位，它不具备连续性和方向性。光影形态所形成的效果，可以成为空间中安定、引人注目的地方，形成人的视觉中心。当空间中只有一个光影形态的点时，人的视线一定聚集在它身上。

②线。线是光影二维形态点的连续运动形成的光影形态。根据点运动方式的不同，可以把线归纳为曲线、折线、线段等（图3-16）。每一种类型的光影二维形态都存在着它自己独特的个性与情感。各种形态的线还具有不同的微妙作用，例如斜线有利于消除室内空间的烦闷感，增强空间的动感。

③面。面是由光影二维形态线的连续排列形成的，具有安定、整体、停止等特性。光影面的明暗变化，能让空间的平面变得有细微的立体感。

（3）光影形态与色彩的关系

光影使色彩在视觉上呈现，光影塑造了五彩缤纷的世界。光影和色彩一同组成了人对室内空间“光色影形”的认知。光影形态在色彩上的作用主要是光的投射与影的衬托，光影形态会影响室内空间中任何物体的色

图3-14 某阅读空间中运用来自底部的光源使得扶手有一定悬浮感

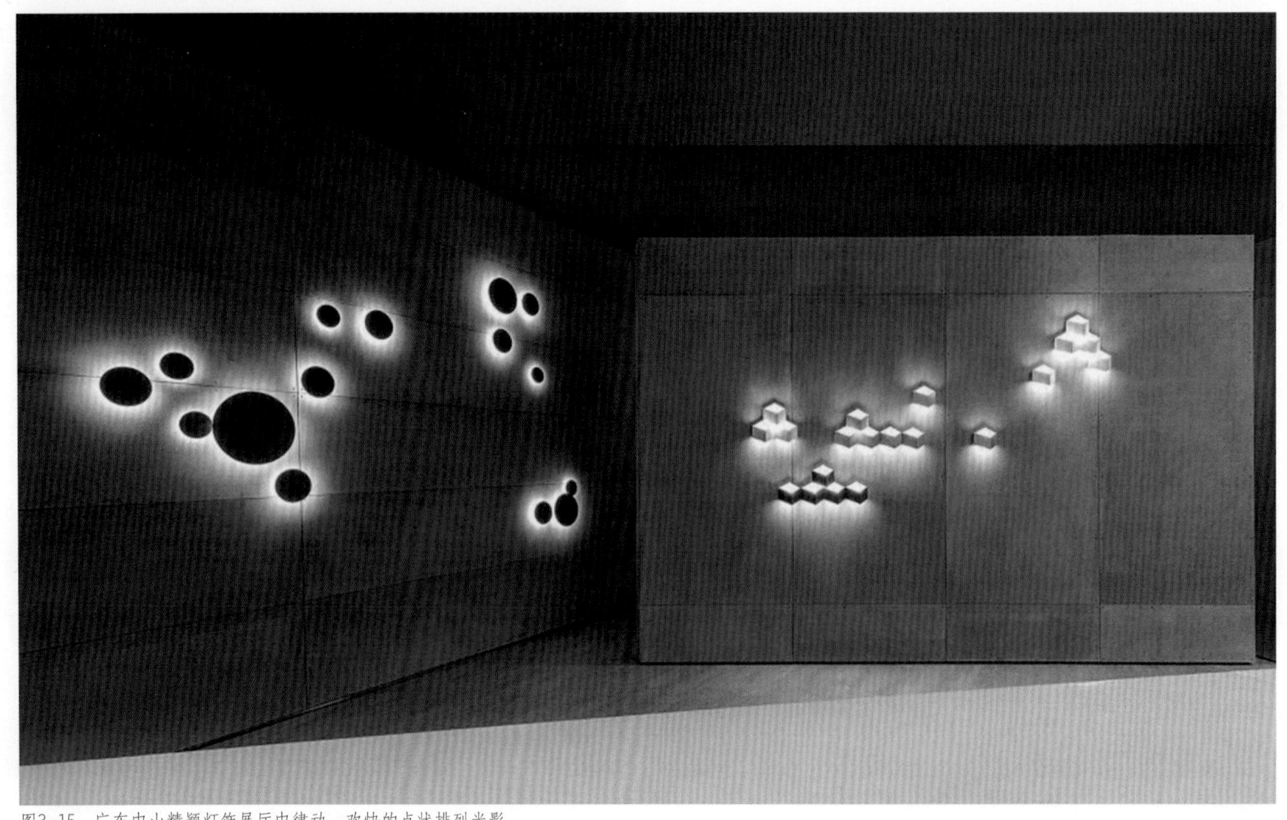

图3-15 广东中山精颖灯饰展厅中律动、欢快的点状排列光影

图3-16　光之隧道，线的光影形态

彩，从而构成固有色、光源色与阴影色三种模式。在人工光影条件下，利用漫反射光进行全局的照明，色彩在四周环境烘托下展现出柔和的平面视觉感受，主要是表现物体的固有色；利用人工装饰光进行局部的照明，色彩会根据周围环境的变化产生层次变化，在影的陪衬下表现强烈的冷暖和明暗变化;在有色光源的条件下，物体原有色彩的纯度、明度、色相还会产生变化。阳光在室内空间的作用，可以使物体固有色彩的冷暖关系发生变化，物体受光部位变暖，背光部位变冷。另外，室内空间物体固有色的对比度及饱和度会受到光强弱的影响，如果光线强，室内空间物体的固有色对比度和明度会变高；如果光线弱，室内空间物体的固有色对比度和明度会变低。光影形态还对室内空间有着丰富色彩、统一色调、加强视觉效果以及改善气氛等作用。

物体形态材质的颜色来源于光色，光色的定量指标是色温（图3-17）。光色是物体吸收、反射的结果。当物体受到光照时，会根据自身的颜色吸收光谱中其余的光线，反射相同的光线。我们知道的白光为全色光，当它投射到红色的物体上时，红色物体吸收了除红光以外其他波长的颜色，而反射红色波长的颜色，因此我们看到了物体表面的红色。不同物体会吸收和反射色彩不同的光线，光与物体之间的色彩可以通过光色的调节发挥作用。如室内墙体颜色，能利用光影形态的光色控制手法使色彩与之相协调。冷色调的淡绿墙体与色温较低的暖色调光影配合，有着和谐的视觉效果。但是如果采用色温高的冷色调光影，便会产生疏远冷漠的气氛。对狭小的室内空间，如利用色温偏高的冷色调光影可使人对其产生舒适和宽敞的心理感受。德国巴斯鲁大学心理学

图3-17　某展示空间利用光的色温营造的艺术空间

教授马克思·露西雅曾说："与其利用固有色彩来塑造气氛，还不如采用不同程度的光影，可以达到更理想的效果"。

光影形态的色彩会影响室内空间的氛围，室内空间的氛围可以由不同的光影形态的改变而形成不同改变。如果在室内空间采用暖色系人工照明，可以让室内空间光影形态呈现出欢快、温馨的氛围（图3-18）。在室内空间中将光色加强而亮度相应减弱，可以使室内空间有亲切感。当然室内空间人工冷色也有非常多的用处，特别是在盛夏，粉绿色让人有凉爽的心理感受。室内空间的人工光应根据不同环境和空间的特性来确定。动感强烈的采光使室内空间产生活跃欢快的气氛，让人对此有繁华热闹的心理感受，室内空间的本质被光影形态的色彩彻底地表现出来。光影形态是色与形之母，光影形态的色彩是塑造室内空间和美化空间环境的重要方式。文化建筑空间的设计师要加强对光影形态与色彩关系的认知，对室内空间进行色彩设计的同时必须考虑到光影形态对色彩的影响。

（4）光影形态与材料

文化建筑空间光影形态与材料的光学属性密切地联系在一起，室内空间的材料在人眼中的呈现，一定是在光影形态的作用下才可以表达其特征。空间气氛和艺术效果需依靠材质和肌理来表现，其质感、色泽、肌理及视觉效果都需要有光影形态的衬托得以体现。日常生活中我们所看到的光，大多数是经过物体透射或反射的。光线射到表面很光滑的不透明材料上，就有定向反射现象出现，如镜面及金属面（图3-19）；光线投射到透明物体上时便会出现定向透射，如玻璃（图3-20）；表面

图3-18 言几又北京王府中环店商业文化空间

图3-19 荷兰阿姆斯特丹RAI国际会展中心一处展区

图3-20 宝马汽车沉浸体验艺术空间展

图3-21　某空间中采用磨砂玻璃下光线的扩散透射效果

图3-22　特定的光线角度突出墙面的立体感

不透明材料会使入射光线发生扩散反射，如白粉墙、石膏饰面板；半透明材料会使入射光线发生扩散透射，如磨砂玻璃等（图3-21）。

利用遮光、滤光、折射、反射、透光等光影形态塑造手法与室内空间材质的特性相融合，可以形成有个性的材质。使用控光的手法尤其注重掌握光线强度以及方向，如具有细腻质感的亚光金属、纺织品、皮革、木材等，为了体现其材质特性光，光线应当有特定的投射方向（图3-22），均匀柔和的光影形态使其材质表面显得更加柔和；利用斜射集中照明或者间接照明，能使粗糙表面的材料更好地表现其肌理与质感，如粗纤维、石材以及某些需要处理成粗糙效果的材料（图3-23）。用过透光、滤光方法和材质融合可以增强材质的属性，如玻璃透光的属性，会表现出晶莹剔透的视觉效果；云石、亚克力以及薄纱是半透光属性材质，其光影形态会使材质具有透亮、轻盈的视觉感受；镜片、高光金属、反光织物会反射和折射光线，形成绚烂夺目的光影形态视觉效果（图3-24），如高光金属材质，在集中照明下折射出的光影形态，给人带来高科技美学感受。

室内空间中物体的色、质、形等必须与采用的材质相协调，质感是人对物体表面的心理感受，肌理位于材质的表层，在光影形态的作用下室内空间的色、质、形

图3-23　西班牙某修道院改造的艺术空间，充分利用侧光强调墙面肌理，更具历史韵味

图3-24 某展厅利用光的反射营造出梦幻般的空间效果

融合在一起，给予人们光影形态的质感视觉以及心理感受。光影形态与物体的色、质、形等是室内空间必不可少的组成元素，光影形态对室内空间有奇特的作用，可以加强室内空间的艺术感、立体感、空间感，还可以塑造光影形态良好的视觉艺术和气氛。光影形态自身是极具表现力的，它可以完善室内空间的视觉艺术效果。

3.2 理念导入

一个好的文化建筑空间设计除应让使用者在其中感受到出色的装饰设计外，更应让使用者深刻体会到空间中的文化意味，这种文化意味来自方案由始至终贯彻的理念，这种方案理念的导入使得使用者在空间中获得很多思想方面的感受。

3.2.1 挖掘地域文化

任何文化建筑空间的设计都是在大环境内的设计，因此离不开地域文化的影响。地域文化作为理念导入设计中应充分挖掘当地文化资源，梳理代表性的地域特色，并且以适当的方式引入空间的设计中（图3-25）。

图3-25 展现地域文化的绩溪博物馆内院空间

图3-26　银川当代美术馆
建筑师希望打破当代艺术同普通公众的距离，营造出一个欢迎访客进入的美术馆，一层布置的公共休息空间，是希望这里能够成为一个社区的枢纽、吸引人们的相聚之所，使公众可以自然而然地感知艺术。

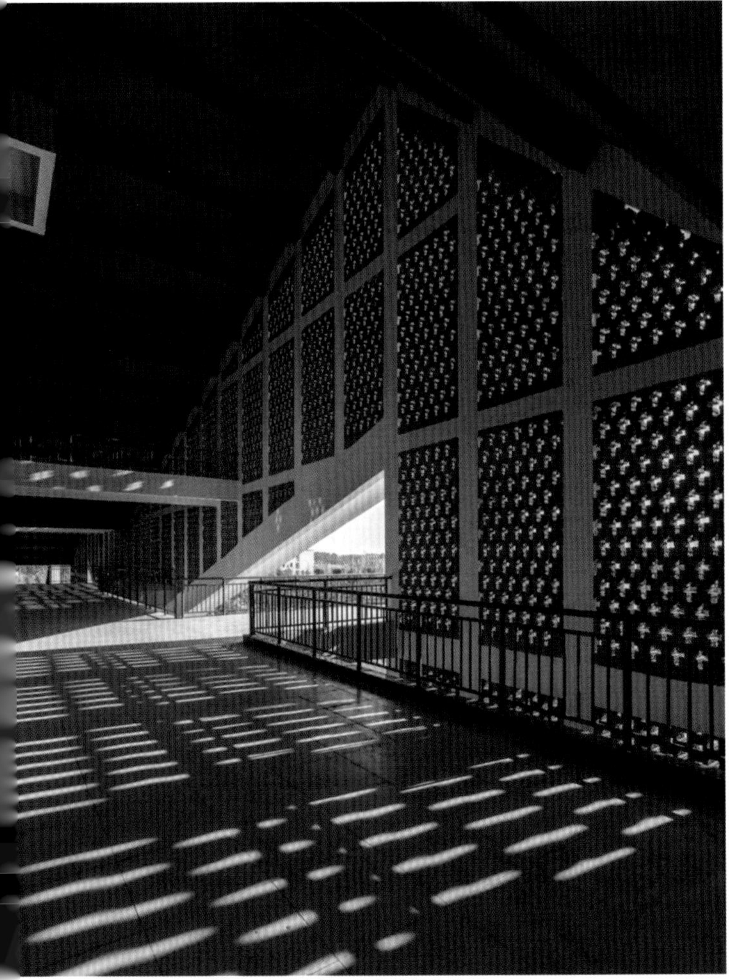
图3-27　合肥工业大学宣城二期教学楼廊道
廊道一侧为半透明镂空的青砖花格墙，另一侧是相对较实的走廊山墙，又有廊桥横跨其中。每当黄昏降临，落日的余晖肆意散落在青石台阶和黛青色的山墙上，使学生更深切地体会到熟悉的徽韵和徽味。

3.2.2 引入新进理念

并非所有的地域都有丰富的文化资源可供挖掘，在一些新开发区域内找到标志性的固有地域文化并不现实，还有一些文化建筑空间所要彰显的理念也并非地域性的文化，而是符合时代特征的新精神、新思想，这就需要适当的引入新理念（图3-26）。

新赋予的理念可以是设计者根据空间环境以及空间场所想要传达出的某种思想，或者是新时代特征的彰显，也可以是人的行为方式的引导等，将全新的文化内涵注入文化建筑空间的方案设计中去。

3.2.3 提炼恰当符号

文化理念需要一定的载体得以体现，需要恰当的符号来暗示使用者获取更多的文化内涵，因此，恰当的文化符号可以将文化建筑空间中的理念准确地传达出来（图3-27和图3-28）。文化符号的提取需要设计者对所选用的载体进行取舍、再设计，切不可不假思索地照搬挪用，不顾空间环境而机械应用符号会得到适得其反的效果。

3.2.4 当下常用理念

（1）绿色设计

经过长时间不断深入的探索与实践，工业设计在为人类创造了生活环境的同时，也大大消耗了能源和资源，生态平衡遭到严重的破坏。工业设计过度的商业化，导致设计成了人们无限制消费的媒介，“计划废止制”就是在这样的背景下产生的。“工业设计”与“广告设计”被人们称作是煽动人们消费的始作俑者,引起了诸多的责难与批评。正是在这种背景下，设计师们不得不重新思考工业设计师的职责和作用，绿色设计也就应运而生。绿色室内设计建立在对人类生存环境与生态环境认识的基础上,有利于保护生态环境，减少对地球的负载,有利于人类生活环境更加健康安全（图3-29）。

（2）以人为本

“为人民服务，这正是室内设计社会功能的基石。”室内设计的目的是通过创造室内空间环境为人服务，设计师始终需要把人对室内环境的要求，包括物质和精神两方面，放在设计的首位。由于设计的过程中矛盾错综复杂，问题千头万绪，设计师需要清醒地认识到以人为本，为人民服务这一平凡的真理。现代文化空间

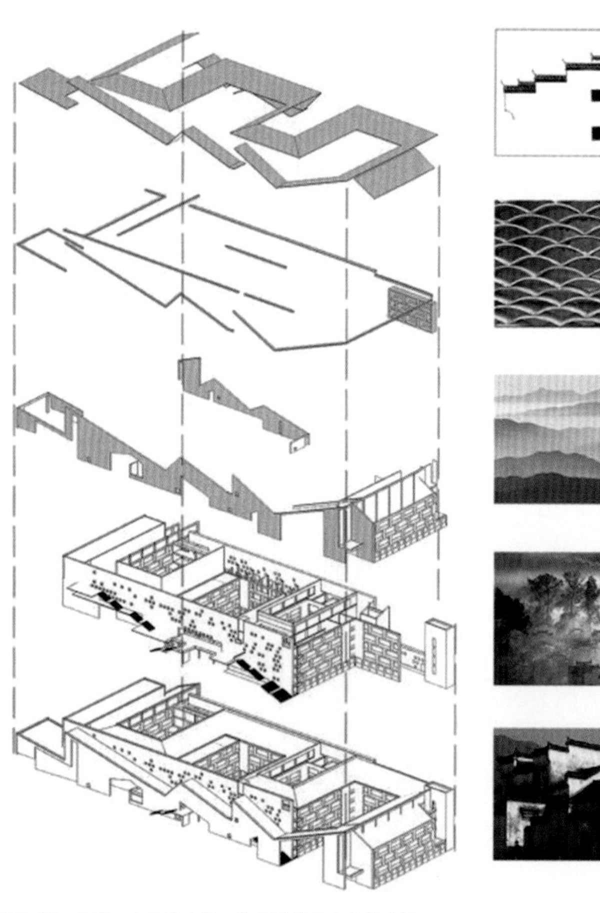
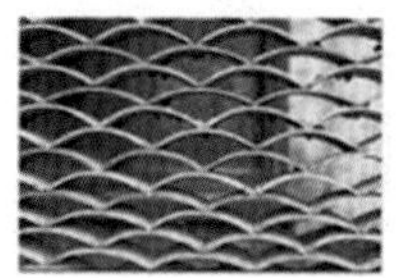

粉墙黛瓦的重构

二期教学楼的设计中保留传统建筑朴实的色彩基调，但并不是机械地去复制粉墙和黛瓦。按照这种图底关系的设计原则，以东西两侧低矮的斜线小体量阶梯教室为图，以大面积5层高的普通教室为底。通过多次色彩搭配的尝试，最终确定了将普通教室的大面积墙体定为黑色长条砖，东西向斜线小体量阶梯教室侧墙采用白色质感喷涂，屋顶沿用小青瓦，局部挑板和矮墙也做白色喷涂。这样的结果，虽然不是完全的粉墙黛瓦，但却是在新的功能和尺度下，对传统建筑色彩元素的一种创新、一种发扬

砖砌的花格窗

徽派民居的“三雕”，技艺精湛，闻名遐迩。但是将青砖门罩、石雕漏窗和木雕楹柱，简单地复制到教学建筑中不合时宜，也无能为力。取这种精雕细琢的徽派工匠精神，结合东西侧主要交通空间遮阳的需求，在折线屋顶侧墙采用砖砌花格窗，满足通风和必要的采光。设计中从上到下的灰砖采用不同的拼接方法，达到由密到疏的渐变，更符合均匀照度的需求
半透明的表面使得交通空间与西侧的广场产生了特殊的关系，空间上又彼此独立，景观上相互渗透，夕阳西下，花格墙的倒影肆意地洒在台阶廊道内，形成教学楼内最为独特的交往空间

形体组合的徽文化特质

在建筑平面上将教学楼的主体用高墙包裹，营造封闭、内向、独立、安静的主体教学楼空间，传承了徽派文化的特质，也符合现代教学楼对教室功能相对安静的要求。以高墙为背景，低矮的教室在起伏连续坡屋顶下成为建筑展示给校园环境的主体。二期教学楼也是用高墙将大部分教室用房藏在南北向并置的四个庭院内，使得外部连续屋顶获得更接近徽派建筑的宜人尺度，以及风格统一、连续整体的立面。

图3-28　合肥工业大学宣城二期教学楼的文化符号提取

室内设计需要满足人们的生理、心理等要求，需要综合地处理人与环境、人际交往等多项关系，需要在为人服务的前提下，综合解决使用功能、经济效益、舒适美观、环境氛围等种种要求。设计及实施的过程中还会涉及材料、设备、定额法规以及与施工管理的协调等诸多问题。现代室内设计的出发点和归宿只能是为人和人际活动服务。从为人服务这一“功能的基石”出发，需要设计师细致入微、设身处地地为人们创造美好的室内环境。因此，现代室内设计特别重视人体工程学、环境心理学、审美心理学等方面的研究，科学、深入地了解人的生理特点、行为心理和视觉感受等方面对室内环境的设计要求（图3-30）。

（3）技艺结合

现代室内设计的另一个基本观点，是在创造室内环境中高度重视科学性，高度重视艺术性，及其相互的结合。从建筑和室内发展的历史来看，具有创新精神的风格的兴起，总是与社会生产力的发展相适应的。社会生产力的进步，人们价值观和审美观的改变，促使室内设计必须充分重视并积极运用当代科学技术的成果，包括新型的材料、结构构成和施工工艺，以及可以创造良好

图3-29　某图书馆阅读空间，是具有可回收、环保特征的绿色元素的空间

图3-30　中国香港某少儿学习空间，用适宜的尺度和材质体现对儿童的关爱

图3-31　某文化空间入口，运用新型的建造技术以及运算方式展现空间气质

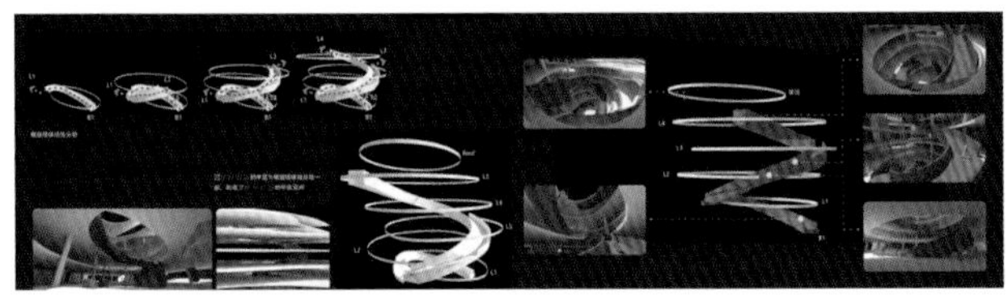

图3-32　运用电子计算机技术辅助分析空间

声、光、热环境的设施设备（图3-31）。现代室内设计的科学性，除了在设计观念上需要进一步确立以外，在设计方法和表现手段等方面，也日益予以重视，设计者已开始认真地以科学的方法，分析和确定室内物理环境和心理环境的优劣，并已运用电子计算机技术辅助设计和绘图（图3-32）。贝聿铭先生早在20世纪80年代去上海讲学时所展示的华盛顿艺术馆东馆室内透视的比较方案，就是以电子计算机绘制的，这些绘制的非直角的形体和空间关系，极为细致而真实地表达了室内空间的视觉形象。

技艺结合，一方面需要充分重视科学性；另一方面又需要充分重视艺术性，在重视物质技术手段的同时，高度重视建筑美学原理，重视创造具有表现力和感染力的室内空间及形象，创造具有视觉愉悦感和文化内涵的室内环境，使生活在现代社会高科技、高节奏中的人们，在心理上、精神上得到平衡，即现代建筑和室内设计中的高科技和高精神内涵。总之，设计是科学性与艺术性、生理要求与心理要求、物质因素与精神因素的平衡和综合。

在具体工程设计时，会遇到不同类型和功能特点的室内环境，对待上述两个方面的具体处理，可能会有所侧重，但从宏观整体的设计观念出发，仍然需要将两者结合。科学性与艺术性两者绝不是割裂或者对立的，而是可以密切结合的（图3-33）。

（a）意大利2015米兰世界博览会法国馆空间效果

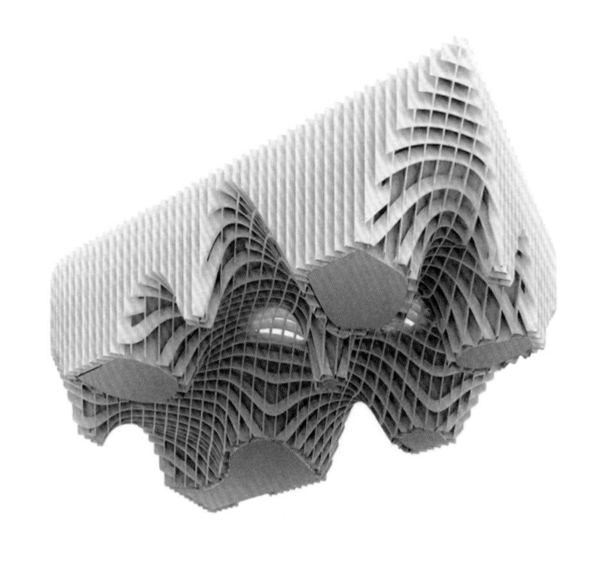

（b）展馆内的木结构构件

图3-33　意大利2015米兰世界博览会法国馆，既是建造的技术，也是空间的艺术

3.3 主题元素

在设计中我们需要借助多种主题元素来表达空间中所包含的内涵思想，结合理念与功能后会产生一定的主题，符合主题的元素是我们可以丰富设计的必要设计手法。主题元素按照属性区分为形象元素、色彩元素、材质元素。

3.3.1 形象元素

形象元素是指形象特征明显的元素。形象元素是众多设计元素当中最显而易见的元素，是常常在空间中最先映入眼帘的元素，也是空间中的主要角色，任何构件都可以是形象元素的载体，例如门洞、台阶、窗口、雕塑等。门洞、台阶常作为交通流线的引导标志需要吸引使用者的注意力，因此设计时应着重表现，还有的需要雕塑形象以点缀整个空间，将空间的主题集中体现在雕塑上，这都需要在引入形象元素时，对具体形象进行拿捏斟酌（图3-34）。

图3-34 绩溪博物馆庭院空间采用抽象概括的假山等传统元素作为标志性形象

3.3.2 色彩元素

色彩是营造空间氛围的重要元素。一个文化体系往往有其自身的色彩倾向，在文化建筑空间理念的塑造中应充分利用色彩的暗示作用来反映要表达的理念文化。色彩元素的提取应多方面研究，范围不应仅局限于环境，还可以从反映文化理念的器物、服饰等方面入手，这就需要进行色彩方面的调研，如制作色卡，为色彩选择提供范围（图3-35）。

图3-35 绩溪博物馆，颜色的设计取自周边环境的色彩体系，更好地融入环境

图3-36　某空间中相同层高的吊顶，采用浅色具有升腾之感，采用深色有压抑之感

（1）色彩的物理效应

营造色彩氛围时应注意色彩体系的冷暖感、重量感、距离感。在空间条件受到限制的情况下可以利用这些色彩特征，例如空间层高较低的空间吊顶应采用浅色系的色彩，有一定升腾之感，避免使用深色吊顶显得压抑（图3-36）。

①色彩具有物理效应。色相、明度、纯度是色彩的三要素，由于不同的色彩所表现出的色相、明度、纯度的差别，人们对物体的形状、体积、重量、温度、距离等方面都会产生明显的感觉变化，同时这种变化也影响着文化建筑空间的设计效果。

②色彩具有温度感。不同的色彩具有不同的温度感。当人们看到红色或橙黄色时会感到温暖，看到蓝色或绿色时会感到凉爽或寒冷。根据研究表明，在蓝色、绿色室内空间中工作的人与在红色、橙色室内空间中工作的人相比，对温度的主观感觉可相差3~4℃（图3-37）。

③色彩具有体量感。色彩的体量感主要表现为膨胀和收缩感。明度较高的色彩给人膨胀的感觉（图3-38），而明度较低的色彩给人以收缩的感受。

④色彩的距离感。色彩的距离感分为前进感和后退感。通常高明度的暖色具有前进的感觉，而低明度的冷色则具有后退的感觉。因此，在文化建筑空间的色彩设计中，可以利用色彩的色相、明度、纯度三要素，来改善室内空间的温度、尺度、比例等，使室内各部分的关系更加和谐、舒适。

图3-37　某海洋主题展示空间，蓝色调使人在心理上感受到凉爽

（2）色彩的心理、生理效应

色彩具有心理、生理效应。由于人们的生活经验以及由各种色彩所引起的联想与判断的不同，人们往往对各种不同的色彩表现出不同的喜好。在色彩学中，色彩分为暖色、冷色和中性色，红色、橙色、黄色等暖色给人以温暖、热烈、华丽、充实等积极感；蓝色、蓝绿色、蓝紫色等冷色给人以寒冷、平静、平和、收缩的感觉；而紫色、黄绿色等中性色则具有温和、亲切的感觉。因此在进行色彩设计时，我们可以利用色彩对人们的心理影响来改变人们对于空间的感受。如在炎热的南方地区，可采用冷色来降低空间的温度感，使人感到清凉（图3-39）；而在寒冷的北方地区，可利用暖色来提高空间的温度感，使人感到温暖；在儿童活动空间中，可利用暖色来设计，使孩子们在充满活泼、快乐的空间中嬉戏、玩耍；而在人们工作、阅读、学习等空间中，则利用沉稳的颜色来设计，使人们感到开阔、沉静、安定（图3-40）。色彩不但会给人们的心理带来影响，而且会对人们的生理以及身体机能等产生影响。研究发现，当人们置身于红色、橙色等空间环境时，会表现出血压升高、心跳加速、呼吸频率加快、思维活跃等反应，而当人们处于绿色、蓝色等室内环境时，则会血压降低、心跳减慢。由于色彩具有物理的、心理的、生理的多方面特征，因此，设计师在进行室内空间的色彩设

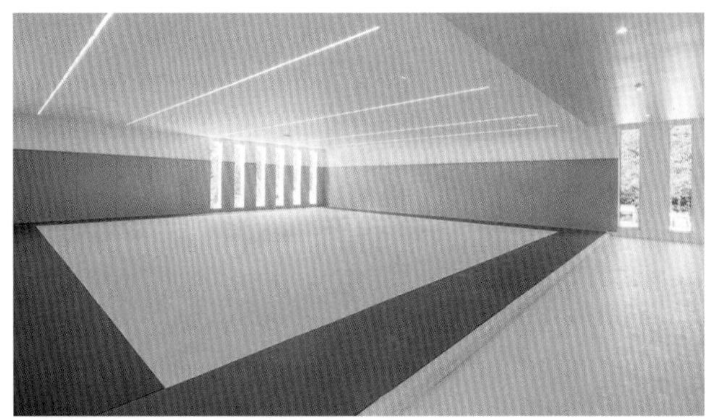

图3-38 某空间运用饱和度高的颜色使得视觉上有膨胀之感，且明度高的颜色可以拉近与观者的距离感

图3-39 炎热区域采用冷色系设计使人感到凉爽

图3-40 沉稳的颜色能够让人静下心来学习

图3-41 芬兰赫尔辛基古根海姆博物馆竞赛方案之一，色调在统一中略有变化

图3-42 澳大利亚巴特瑞特画廊附属展廊
顶面虽然用黑白两色强烈对比，但是经过有序的设计排列产生韵律感。

计时，应考虑其给人们带来的不同影响，处理好色彩之间的关系，从而给人们以美好、健康、舒适、和谐的视觉感受。

（3）色彩设计应遵循的原则

色彩的设计在室内空间中对于调节空间环境气氛、营造舒适的室内环境都起着重要的作用，它已经成为室内设计中不可忽视的重要因素。在装饰设计实践中，色彩的设计需要遵循一些基本的原则，使色彩服务于空间环境的设计，从而创造出和谐、亲切、舒适的色彩环境。

①协调统一原则。室内空间中的色彩是多种多样、变化万千的。不同的色彩出现在室内空间时，首先应遵循的原则就是“协调统一”（图3-41）。就像音乐的韵律一样，和谐的色彩会给人以美的享受。在室内空间中，色彩的和谐与对比是最基本的关系，如何正确处理这种关系是营造室内空间环境气氛的关键。总体来说，和谐与对比是相互的，两者在室内空间中互存，互相调节，缺一不可（图3-42、图3-43）。和谐是对比的前提，但如果仅有和谐统一而没有变化，这样的室内空间色彩就会显得单调、沉闷，缺乏生机与活力。而如果一味地追求对比，又会给人带来视觉上的刺激，引起人们的烦躁与不安。因此，在文化建筑空间的色彩设计中，设计师应坚持“大统一，小变化”的设计原则，首先确定室内空间中的主体形象与主导色彩，即室内空间的基本色调。室内的顶棚、墙面、地面、家具等都是构成室内基本色调的因素。它们不但具有实用性，同时还有很强的装饰性，对室内环境气氛的烘托、风格与格调的形

图3-43 深圳市艺象满京华美术馆，空间色调统一的大局下局部进行色彩的变化

成都起着举足轻重的作用。其次，在确定室内的主色调后，设计师可以在确保整体统一的前提下，对于细部利用小面积环境色彩的对比色或互补色做细节处理，使之与室内的基本色彩形成对比，成为室内环境中的亮点。

②空间构图原则。形态构图需注意空间中各形态的相互关系，如主次、前后、对比等。另外，空间色彩的配置必须要符合空间构图的需要，充分发挥色彩对空间的美化作用，正确处理协调与对比、统一与变化、背景与主体之间的关系。形成室内主色调的因素很多，如大面积的顶棚、墙面、地面、家具等，因此室内色彩的设计要在统一的基础上求得变化，利用色彩的明度、纯度、面积、形状的差别及不同材料的质地、肌理来丰富室内的微妙变化，从而形成一定的稳定感、韵律感和节奏感（图3-44）。

③地域性、民族性原则。不同国家、不同地区的不同民族由于生活习惯、文化传统和历史沿革的不同，在色彩的长期使用过程中逐渐形成了自己的色彩偏好，同时也形成了诸多差异。因此，在进行室内色彩设计时既要掌握一般的设计规律，从而满足多数人的审美习惯，同时也要了解不同民族、不同地理环境的特殊条件。例如藏族地区的室内空间环境，则常以白色、蓝色、绿色为主要装饰色彩来体现民族特色（图3-45）。因此，合理地使用和发挥色彩在室内环境中的作用，对于创造环境的整体形象，表达空间的特性与氛围，都具有十分重要的意义。

图3-45 青海藏文化博物馆

图3-44 悉尼企业家学校室内色调，一个色系下的变化

图3-46　上海某汽车展示空间中镜面反光的材质为汽车展厅带来鲜明的都市现代感

3.3.3 材质元素

材质也可以作为主题表达的元素。有的主题文化和某些材质是产生固有联系的，例如镜面反光材质可以带来现代感（图3-46），砖石、管道材质构件象征着工业气息（图3-47），金属、灯带可以映射未来感（图3-48）。这些材质和我们以往生活经验相关联，可以在观者脑海中迅速产生联想，从而感受到主题文化的理念。

材质元素一方面可以选用主题特色的材质，另一方面可以通过就近取材再创作的方式来反映地域文化。对于材质我们可以通过创新组合方式、排列方式，使传统的材质焕发出新的生机。

图3-47　砖石、管道元素的出现具有很明显的工业气息

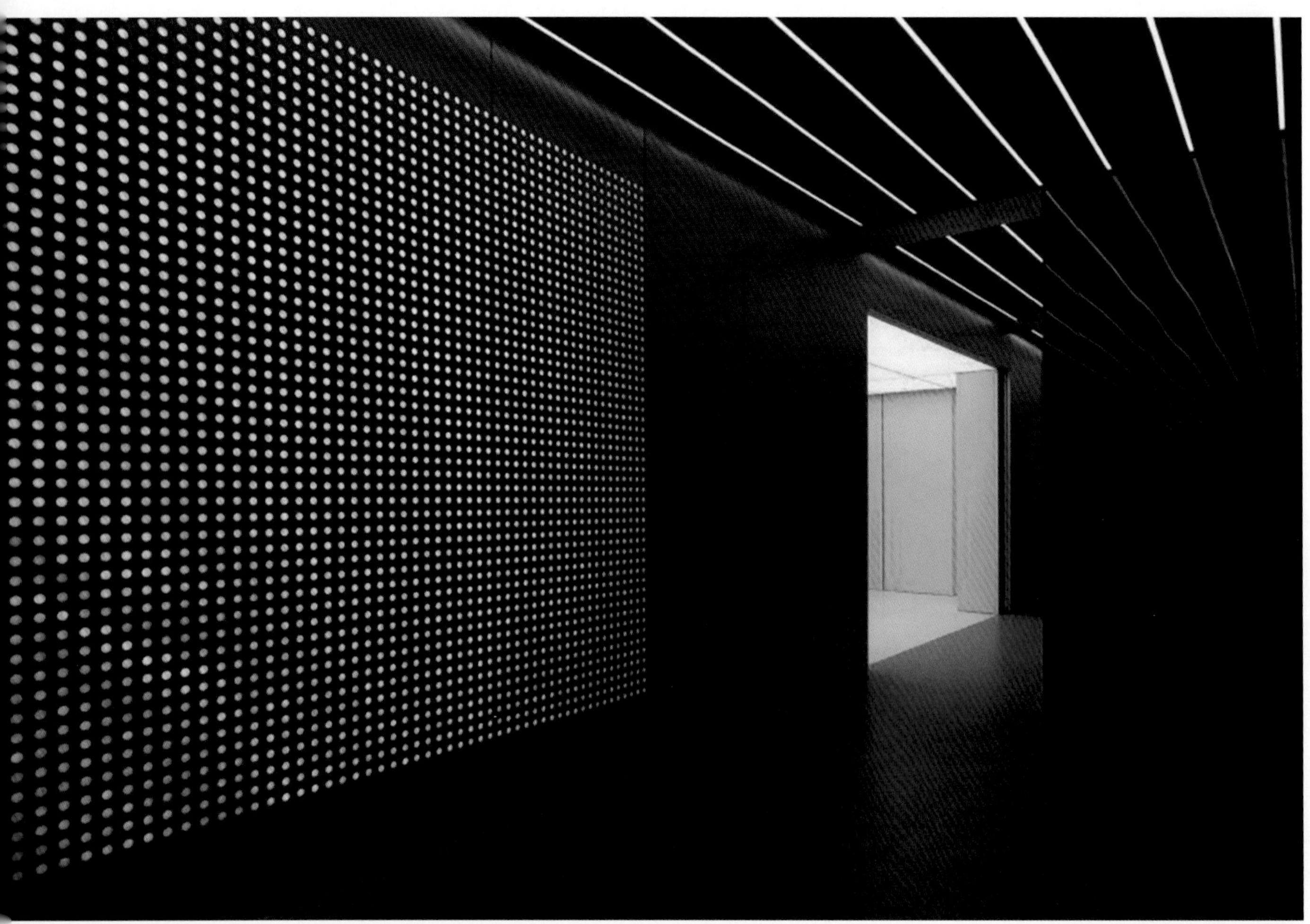

图3-48 某空间中金属、灯带使得空间带有一定未来感

第 4 章 文化建筑空间的风格倾向

文化建筑空间由于结构形式、空间形象、材质选用等的不同，最终效果会在风格上形成一定的倾向，风格倾向使得观者感受到空间的气质。一般意义上，风格指的是在某一段时期内所形成的较稳定样式或特征，人们用风格来描述视觉艺术样式、建筑空间样式等，因为我们需要这样的理论模式来指代某种样式或潮流，使之成为一种描述性的符号系统，我们正是依靠它们来对文化建筑空间的艺术性现象及艺术历史进行描述及学术交流。掌握现代文化空间中常用的风格倾向，有利于我们在进行方案创作时发挥空间设计的艺术性和文化性。

4.1 现代主义风格

现代主义风格诞生于20世纪初期的欧洲，具有强烈的左派倾向和精英主义色彩。作为一种带有拯救性的建筑实践，它强调造价的低廉和新的时代风格，热衷于使用直线条的、简洁的几何造型（图4-1），这是机器美学在建筑空间领域的体现，也可以理解为18世纪以来历史进步论的精神演绎。此外，“无装饰性”也逐渐发展为现代主义建筑空间重要的风格特色。因此现代主义建筑空间往往通过材料及结构自身来获得一种视觉美感。

图4-1 北京意大利IMOLA陶瓷展陈空间设计

现代主义建筑空间在风格层面有如下基本特点。

①反对因袭历史样式，主张使用简洁而自由的几何造型（图4-2）。

②强调用结构及材料自身来营造视觉效果，因此现代主义建筑空间往往不掩饰空间的结构特征（图4-3）。

③力求空间连贯而形成流动感（图4-4）。

④废弃多余的装饰。

经典的现代主义风格空间喜欢使用黑色、白色、灰色的工业化的色调，但在第二次世界大战以后，尤其是20世纪60年代以后，随着商业性设计的兴盛，现代主义风格空间也开始使用多种色彩，从而使得这种风格也变得活泼和轻松起来。例如比利时根特国有专业学校的内部空间，可以清楚地看到内部空间的简洁与纯净，墙面以水泥覆盖或被粉刷为白色，与通透的玻璃幕墙形成视觉上的对比关系。其美感来自材料和结构上的处理，而非附加于空间表面的装饰物。现代主义风格并不反对形式审美，只是迷恋于抽象的几何造型与单纯的视觉外观，也基于这种风格倾向，后续衍生出了粗野主义、极简主义等。

瑞士苏黎世美术馆新馆（图4-5）的空间造型采用基本的几何形体——立方体和长方体，而且设计师有意采用工业元素对比的方式来寻求视觉感；磨砂混凝土与精巧的金属材质、灰色的水泥墙与鲜艳的粉刷墙面、冰冷的工业材料与温暖的木地板等，与早期的现代主义空间不同，更有现代化的人性化元素。

图4-2 北京现代美术馆，空间中不做烦琐的装饰

图4-3 现代主义建筑空间不掩饰空间的结构特征，因此空间中的梁、柱成为空间构成的突出要素

图4-4 空间连续形成一定流动感

图4-5 瑞士苏黎世美术馆新馆

图4-6　印度阿默达巴德管理学院毫无修饰的红砖水泥暴露于空间中

4.2 粗野风格

现代主义风格的无装饰性被勒·柯布西耶和路易斯·康等人无限制地夸张和放大，演化为一种对粗野效果的迷恋。20世纪60~70年代，在路易斯·康设计的印度阿默达巴德管理学院大楼中，可以清楚地看到建筑空间呈现出一种狂野、粗质感，红砖和水泥被有意地暴露在人们的眼前，丝毫不添加任何修饰（图4-6），这形成了一种粗野的、冷峻的，并且带有抢了崇高之感的特殊风格，这种风格在文化建筑空间的设计中有不少追随者，因为它能够带来一种近乎原始的纯净感。例如，秦皇岛UCCA沙丘美术馆，设计师尝试在沙丘里"挖掘"创造出形态各异又互相连接的一些"洞穴"——这也是人类最原始的居住形态和最早的艺术创作场所（图4-7）。

粗野风格主要从三方面体现其空间特征，即无装饰、单一色调、材质肌理的粗放。

图4-7　秦皇岛UCCA沙丘美术馆
受启发于孩童们在海边挖沙的游戏，建筑师尝试在沙丘里"挖掘"创造出形态各异又互相连接的一些"洞穴"。

图4-8 利用空间的纯粹性体现粗野风格的特征

（1）无装饰

承袭现代主义风格简化装饰的风格，粗野风格同样拒绝装饰，利用空间的纯粹性来体现其文化特征，或者说粗野的空间构成以及材质肌理就是其装饰（图4–8）。

（2）单一色调

粗野风格可以看作是现代主义风格无装饰的一种极端化发展，除了装饰性上大大减弱外，在色调的控制上也十分严格。一般情况下粗野风格的空间色彩十分单一，基本以灰色调居多，注重空间的明度关系而非色彩关系（图4–9）。

（3）材质肌理的粗放

粗野风格将结构材质的外露作为设计手法之一，因此使得空间界面的处理较为简单，一般做粗犷的处理或者不处理，材质肌理在外观上感觉相对冷峻，缺少宜人性，这种设计更多的不是出于使用上的舒适性，而是在精神上的震撼（图4–10）。

图4-9 粗野风格的色调十分单一，注重空间中的明度关系

图4-10　粗野风格的界面处理——韩国Saya公园美术馆

4.3 高技派风格

图4-11　巴黎蓬皮杜艺术中心的管道和钢架

高技派或称重技派风格起源于20世纪20年代，其理论基础是第二代机器美学，强调新材料的使用，追求高新技术的应用，在形式上展示的是当代技术，强调结构化与机械化的建筑语汇，突显科学技术的象征性内容的技术美。高技派风格的建筑，其发生发展基于工业及技术的进步，它反映出人们对于现代科技文明的极度热情。高技派风格不仅热衷于在建筑空间中的新技术以及增强建筑空间的科技含量，更在于彰显技术化的空间语言。例如在巴黎蓬皮杜现代艺术中心建筑中，伦佐·皮亚诺和理查德·罗杰斯有意地在空间中安排了无数的管道和钢架（图4-11），以此造成一种具有科技含量的技术感，这座现代艺术中心看起来像一座工厂，和人们心目中的艺术馆相距甚远。

实际上，高技派风格在工业设计中早就有所体现，第二次世界大战前设计师们就喜欢在工业设计中运用流线形造型，以此象征高新技术时代的速度和动力。在现代文化空间设计中高技派风格更多地应用于科技馆、学校等学习空间的设计上，因为它对于技术感的强调和科学的乐观主义热情，恰好符合这些空间对于科学科技的崇尚，“高技术”更能够贴切地传达出此类空间的功能性及象征性。目前高技派风格建筑空间主要的发展趋势以及特征如下。

（1）室内外的一致性

高技派风格的室内设计没有过多的装饰，没有高技派风格建筑那般的印象深刻，室内更多的是体现着与室外的一致性。这种一致性主要表现在：使用大幅面的玻璃，建筑空间的外露结构被一览无余，使人们在室内同样可以见到在室外给人印象深刻的巨型结构；室内装饰简洁，强调室内材料与技术美。福斯特作为高技派风格的重要代表人物就认为室内设计空间视线应尽可能通透，空间和空间之间要有交流和联系，在室内空间也要尽可能地看到室外的风景、人，做到内景与外景相互交融（图4-12）。

（2）高新材料与多种材料并存

随着高新技术与材料的不断推陈出新，越来越多的科技成就展现在高技派风格室内设计中，如不锈钢、磨砂玻璃、无框玻璃、磨光混凝土等材料，以及精致的金属节点、机械设备和表面处理技术(铝板及穿孔镀锌钢板)等（图4-13）。例如福斯特设计的中国香港汇丰银行，采用了经过抛光处理的不锈钢、磨光混凝土、玻璃等新型材料，表现出各自特有的质感，使室内既丰富又不致喧宾夺主，显得简洁和有条不紊。

图4-12　室内空间多采用大幅面玻璃，空间与空间之间要有交流和联系

图4-13　高技派风格空间广泛采用精致的金属及新材料

（3）突出光效技术

光技术是高技派风格设计师为削弱室内空间的压抑感而采取的一种重要手段，是一种动态的装饰。高技派风格主要采用两种形式来表达光技术：一种是通过结构或材料本身营造特殊的动感和光影效果；另一种是通过人工照明的光源进行空间环境的塑造，例如中国光谷科技会展中心设计（图4–14），利用光效在室内产生斑驳的动态光影效果，同时利用可遥控的遮阳板灵活调节通风与进光量，以及采用色灯或其他高技术手段创造魔幻的灯光效果。

（4）巨型空间结构

在室内设计中，尖端技术的运用为空间的展示形式提供了无限可能。例如，完善的轻钢技术塑造出巨大的空间，为人们提供了新奇美妙、形态各异的空间造型。它的这个空间特点多体现在大型的展示以及观演空间（图4–15）。

在当代，随着人们对过度技术化及科学主义的反思，高技派风格表现出了新的倾向，它越来越体现出设计师对环境、人文、生态及历史文脉的思考。

图4–14　利用结构或材料本身营造特殊的动感和光影效果

图4–15　利用轻钢技术塑造出巨大的空间，提供造型自由变换的空间造型

图4–16　单纯的几何形态空间

4.4 极简主义风格

极简主义(Minimalism)用来称谓20世纪60 年代美国艺术家的一项艺术活动，最早由美国现代著名的艺术评论家巴巴拉・罗斯提出。极简主义风格可以追溯到抽象主义、俄国构成主义及包豪斯的美学思潮。延续阿道夫・路斯的“装饰即罪恶”以及现代主义建筑大师密斯“少即是多”的理念，80年代极简主义风格波及西方室内设计领域。当代极简主义风格可以视为现代主义风格的深化。极简主义风格在空间设计中需要注意把握以下几个方面。

4.4.1 抽象几何的空间形式

极简主义风格室内设计通过对元素的简化、抽象、组合，形成单纯的几何形态空间（图4–16），交通流线明确，使人们不受形式的干扰，更好地感受空间的本质。各种元素都遵循一定的秩序，合理组织，呈现出简

图4-17 纯净开放的空间一方面有利于实现多样化的功能；另一方面利于场所的精神塑造

洁、纯净的空间形式。这与后现代主义中尤其是解构主义所追求的散乱、复杂、动荡的空间规划截然不同，满足了人对简洁规则事物追求的需求。极简主义风格设计师通过视觉及物理上“量”的精简，实现了空间“质”的提升。纯净开敞的空间一方面有利于实现多样化的功能，满足现代灵活多变的使用需求（图4-17）；另一方面更有利于场所精神的塑造。在文化性场所，精简带来的虚空引发人的无限联想，将人的注意力引向对空间的思考和想象，这种“质”则表达为安静的可供思想停留的空间。

4.4.2 纯净节制的材料运用

对于材料的直观显现，极简主义风格设计师本着真实性的原则，通过材料质感、透明度和色彩上的对比，给人带来丰富的感官体验。日本著名建筑师安藤忠雄认为“材料使用要尽可能简单，才能将隐藏在空间构成背后的设计意图清晰地表达出来”。在这个理念指导下，他以混凝土为媒介，研究材料工艺和表现，在他的建筑设计中以素面混凝土贯穿始终（图4-18），精简且真实的材料配合简洁的空间形式，共同诠释出极简主义风格所倡导的精神属性，只通过光色的变化来丰富空间表情，单一材质呈现出空间纯粹、浑然一体的视觉感受。

图4-18 素面混凝土成为安藤忠雄偏爱的空间材质

4.4.3 精美细致的细部处理

在极简主义风格室内空间中，界面、材料交接精确细致，只留下一条凹缝，甚至做到无缝连接，这保证了视觉上的纯净。墙体与地面之间不存在额外的踢脚线，楼梯的踏步直接与墙体相连，如同墙上自然生长出的一般，门窗洞口形态简单。矶崎新设计的中央美院美术馆，在施工过程中，为了营造出连贯、双曲面的内部空间形态，通过对混凝土材料复杂的筛选和细致浇筑工艺才形成了浑然一体的薄壳结构，并对坡道踏步进行收边处理，使玻璃围栏直接与挡板相接（图4-19）。

图4-19　矶崎新设计的中央美院美术馆部分室内空间

4.4.4 巧妙精心的光线塑造

由于极简主义风格室内元素的精简和隐匿，因此光线成为塑造空间的重要元素。原本简洁的空间，由于光线的参与变得丰富与生动。极简主义风格设计师认为光带有精神指向，是塑造精神空间的重要道具。光线包括自然光和人工照明，设计的核心问题是光影的处理，具体从光线的属性、位置、方向和引入方式上展开。在极简主义风格的室内，无论自然光还是人工光源都有着艺术性的引人入胜（图4-20）。

图4-20　极简主义风格常借助巧妙精心的光线来塑造空间

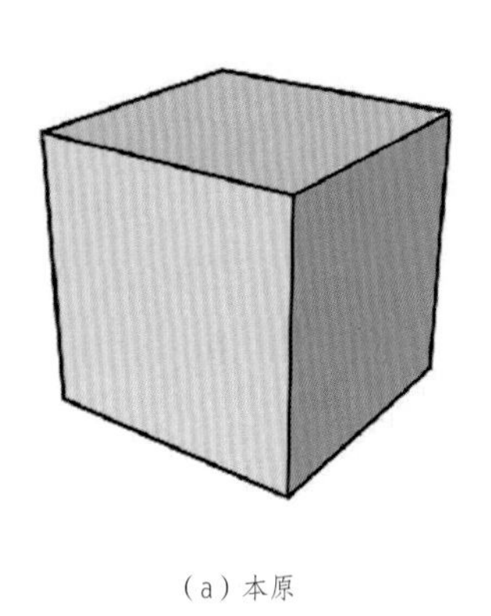

（a）本原

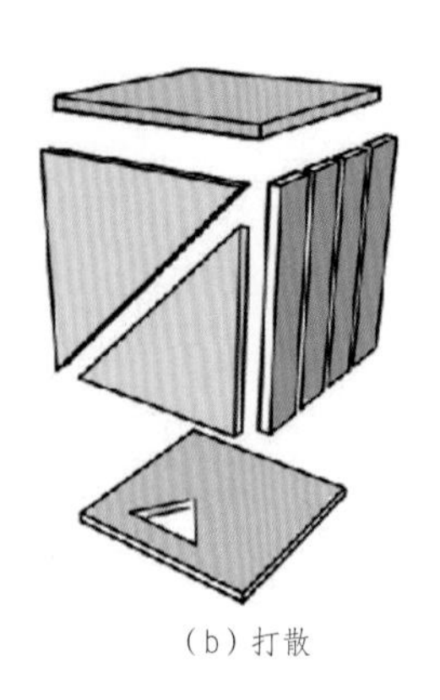

（b）打散

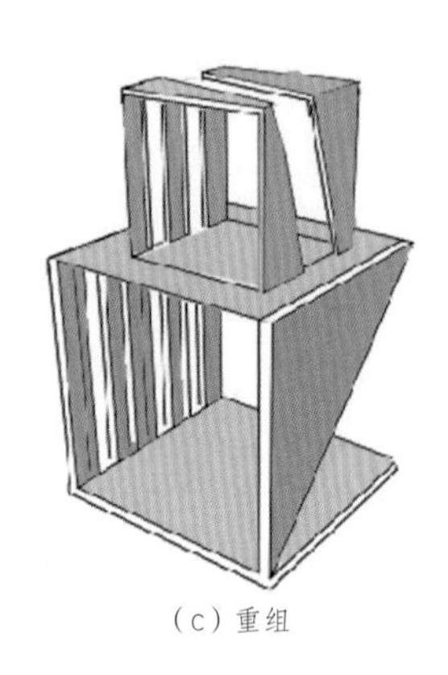

（c）重组

图4-21 解与构

图4-22 将空间原有的结构破碎后进行重组，出现新的视觉形象

4.5 解构主义风格

解构主义风格的代表人物有盖里、屈米、库哈斯、埃森曼、扎哈、李伯斯金等人，在很多人看来解构主义风格是一种极端前卫的设计思潮，但是由于解构主义者打破了之前建筑设计中的一些条条框框，对于追求创新的当代建筑空间来说，解构主义风格在近30年日益受到追捧，它也越来越多地出现在文化建筑空间设计中。

解构有两层概念，“解”是把原来的元素消解，“构”即消解后重新构筑一个新的元素，这种重新构筑是建立在一定基础上的逻辑化的建构，解构意味着突破原有结构系统，并将原有因素与其他外在因素重新组合（图4-21）。解构的目的并不是单纯为了解构，而是重建。解构主义风格使功能、形式、结构、流线、历史、风俗等一切都失去原有的地位，对整个建筑空间的设计体系进行整合，使得所有的建筑空间都有其特性。但是解构不意味着混乱，而是使空间具有内在逻辑性、秩序性，使设计由单纯追求功能上升到功能与形式并存。解构主义风格在空间、色彩材质、线条、元素符号上均有运用手法。

4.5.1 对空间的解构

解构主义风格室内空间设计常用的一种破碎方法就是空间的破碎。空间的破碎是指把空间的结构进行破碎处理，它包括把顶面、立面、地面进行破碎，还包括把楼梯、台面等进行破碎，总之就是把室内空间中每个元素进行互相拆分、分解、支离，把一个完整空间分割成许多元素（图4-22）。这种破碎方法，有时会把本地或其他国家传统的一些优秀的室内设计作品的结构进行破碎。通过这种分离破碎，往往可以在视觉上出现新的空

图4-23 倾斜歪曲的解构手法

间形态，使空间形态改头换面，在视觉上产生冲击；同时还能达到设计师想营造的空间气氛和主题情趣，或欢快、或悲痛、或平静、或激烈等，达到情景交融的设计目的。这种设计方法是对过去传统的室内空 间的设计方法的一种颠覆，创作出一种新的构造式。

设计师把破碎后的元素根据逻辑的需要进行重新构造，有的在同一平面连接、有的上下连接、有的倾斜歪曲（图4-23）、有的突变弯折、有的夸大扭曲等（图4-24），从而创作出视觉上与以往完全不同的形态，也营造出深刻的空间氛围，让人耳目一新。例如，使用解构主义风格室内空间设计“破碎”手法的典范作品是李伯斯金设计的犹太人博物馆。将犹太人博物馆整体结构进行破碎处理，使得这些线条相互交叉，从而形成各自不同的角度，看上去让人产生神秘奇特的空间感觉。在这个神秘奇特的三维空间里，李伯斯金将该创作的平面图设计成犹太人宗教图案的分裂和变构（图4-25）。这种分离手法达到解构主义室内空间设计人想要的极其完美的境界，李伯斯金把犹太人内心中悲痛绝望之情在这个空间里表现得淋漓尽致，使后人观看后心里感觉更加悲痛，表现了在战火中苦难恐惧的特殊艺术效果（图4-26）。

图4-24 顶面进行夸大扭曲的解构手法

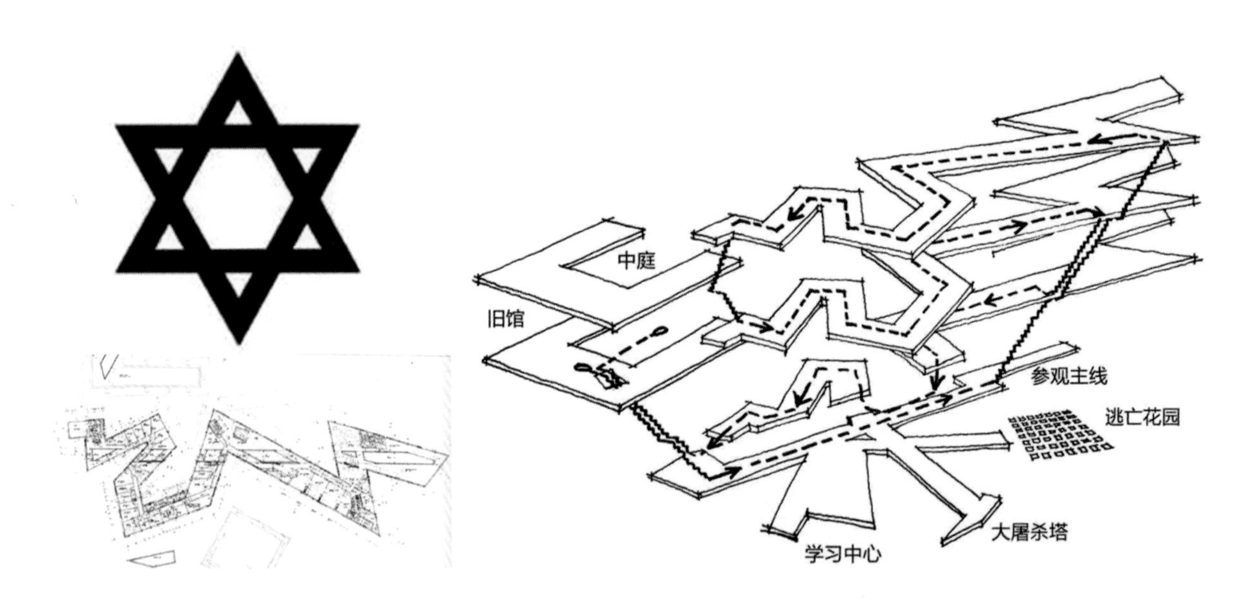

图4-25 犹太人博物馆平面经由代表民族血泪史的六角星解构而来

对结构、空间的解构，具体表现如下。

①反对建筑结构、形式上一切既有的设计规则。热衷于解构，打破人们平常习惯的逻辑顺序，对原有传统观念进行消解、淡化。进行设计时，将室内空间形态、装饰构件、材料等元素进行拆解，并将其统一在一个大的范畴内重新进行组合，比如一个空间内出现木质材料与钢筋混凝土墙面连接形成的形象墙或者完整造型的家具出现不同材质的拼接（图4-27）。

②无中心、无场所、无约束、多元性。具有设计师因人而异的任意性，建筑与室内的整体形式多表现为不规则几何形状的拼合（图4-28），或者造成视觉上的复杂、丰富感，或者仅仅造成凌乱感。这种特点在室内设计运用中可以表现为对流线的重新划分，对造型重新分解并附加使用者的文化素养、工作性质、个人理念等进行重构，使空间形态具有独创性。

③对色彩解构应用。通过大色块体的对比、错置来表现解构主义设计的逻辑性，大色块的应用是解构主义的一大特色，看似夸张凌乱的色彩中透露出和谐感（图4-29）。

图4-26 犹太人博物馆内部空间经过解构重组后的梁给人一种不安全的压迫感，以表达空间情感

图4-27 利用不同材质的拼接所产生的拼接效果

4.5.2 对材质及色彩的解构运用

解构主义设计师喜欢采用突破传统的材质，并且表现手法上也与传统室内空间完全不同，他们把一种完整材质进行彻底分割，然后进行重新拼贴（图4-30）。解构主义设计师对材质的破碎拼贴消解了传统室内空间的

图4-28　浙江台州某电影院室内空间，不规则几何形状的拼合，造成视觉上的复杂、凌乱之感

图4-29　某展示空间在结构上的解构之外还对色彩进行错置、对比

完整性，同时也消解了传统室内空间的材质表现手法。传统室内空间的材质讲求整体、和谐、与建筑的文化内涵相统一。解构主义采取特殊的设计手法完成材质的使用，包含把材质进行破碎处理、再进行非理性推理，运用非统一的观念，展现了不同寻常的设计品位，体现了文化空间的主要氛围，让人们对解构主义室内空间的逻辑有了新的认识。扎哈·哈迪德的21世纪博物馆在同一构造物中使用了不同的材质。例如在搭建的楼梯上，楼梯的底部一部分是黑色，没有竖向隔板，接下来的一部分忽然改成了半透明发光玻璃材质，从而产生离奇的、错乱的、无整体的感觉，给人视觉上的变化，产生极大的冲击性和心灵的美感。而从整个楼梯来说，楼梯两侧的扶手是黑色材质，与底部的两种材质又不一样，这种黑色的材质给人厚重、流动、安全感。

解构主义室内设计全方位反传统，原有颜色的和谐搭配方法也被打破。室内空间呈现出的颜色基本上没有规律可言，也没有办法从室内空间的内部找到与之相关联的成长的文脉。解构主义室内设计里充分地运用色彩的装饰效果，从而达到设计师想要的境界，也就是对情绪的表达，让创新的内部风采充分释放出来（图4-31）。

解构后的室内空间颜色搭配把复杂颜色变为简单颜色，并且使颜色与室内空间相符，把颜色变幻成富有内涵的搭配，像这样的色彩搭配的方法实际上和解构主义设计的语言形式是异曲同工的，因为这些语言都呈现了抽象重构的逻辑。解构主义室内空间设计里色彩搭配的特点如下：其一，在一定的环境里，强调对室内空间

图4-30　某空间中把传统的完整材质进行彻底分割，然后进行重新拼贴

图4-31 某空间室内设计充分调动色彩进行解构以完成装饰效果

按照一定的风格进行颜色搭配，使得颜色形成强烈鲜明对比，从而引发视觉的强烈反应；其二，室内结构真实的描绘和色彩的抽象重构彼此交融，使得设计作品有了解构主义的情趣，另外设计中表现出一定的思想感情，完全按照创作中需要解释的思想内涵与主要愿望标准来确定，呈现出抽象的、主观的、变幻的特质，颜色具有鲜明的视觉影响力；其三，色彩搭配产生了情感变化，从而体现出设计的深刻寓意。解构主义室内空间设计的颜色重构，多半以意味的概括抽象与感觉的高深莫测、感情的激烈表达为主要方式。配景主要以高级灰为主，室内的主要色彩为高亮度，于是和配景色进行了强烈比较，让室内颜色富有激烈的视觉效果（图4-32）。以上的搭配是颜色的饱和度、明暗度以及色彩的质地的变换，这种色彩搭配方法，使作品具有一种特别强烈的情感和特别强烈的深度。在文化建筑空间设计中，色彩与形态是相得益彰的，解构主义设计师想用重构来表现颜色与形态的品质，强烈地震撼着人们的视觉。

图4-32 某观演空间中灰色配景对比出高饱和度、高亮度的颜色

4.5.3 对线条的解构运用

对于解构主义设计师来说，这些一个一个的传统都是“消解”的对象，消解直线最好的途径就是使用曲线。解构主义室内设计中大量使用的曲线形式不仅消解了传统室内空间中的直线构图，也消解了传统室内空间中的逻辑性和秩序性。另外，当解构主义设计师用非理性、非逻辑的思想观念设计时，室内空间扭曲、变形的形态在客观上产生大量的曲线，这就是解构主义作品会出现比较多的曲线的原因。这时的解构主义室内空间给人流动感，这种设计手法也打破了传统的呆板的空间形态。扭曲的造型如跳动的舞者，富有很大艺术感染力，使得空间富有情趣。解构主义创作出的动态的作品，设计了多个流动的、变化的、曲线的冲击视觉的弧线，这些弯曲有时是线的弯曲，有时是面的弯曲，有时是体的弯曲，这样的设计使得空间里每个元素和元素之间结合得更流畅（图4-33和图4-34）。人们观看每个重构的形态，该形态就在无意间被串联了起来。

在解构主义室内设计中，运用曲线最为显著的是弗兰克・盖里。盖里的作品有“将帽子扔向空中的一声欢呼”。他所设计的加拿大安大略省美术馆南侧雕塑大厅，在立面墙体中设置了一个木制的旋转楼梯，这个楼梯向上延伸一直到楼房的顶部，这个独具特色的创作作品使用旋转蔓延的曲面把相关的物体精细而周密地联系在了一起，这些物体包括画廊、楼梯和艺术品展览厅，而且使用圆润的弧面，形成了圆润的流动空间，增加了奇异的效果。创造出的流动的艺术设计的审美意象，充分显示了动态的不同一般的弧线形态。这种设计改变了人们的观念，展现了动态和无穷延伸的室内设计未来新模式。在人们的经验中，正方形或立方体才是最稳定的形状，它象征着永恒、坚固和安全。任何形状一旦偏离了“正常位置”，就会使人感觉到运动力的逐渐增强或减弱。这个美术馆通过使用这类形体，产生一端向另一端前进的运动效果，我们从中可以体验到运动力以各种不同的速度扩张和收缩，传达了一种动力感和空间感。这些自由的随意的曲线犹如沸腾一般充满激情，消解了传统室内设计的乏味。

图4-33　比利时某展示空间装置艺术，对直线的消解使得空间多呈现曲线流动的形态

图4-34　北京鸿坤美术馆，用规则的曲线解构空间形态

4.5.4 对元素符号的解构运用

元素符号具有特定的文化内涵和象征意义，在现代室内设计中对传统装饰纹样的解构运用，不仅能够增添设计的文化内涵，同时可以增加设计的趣味性和传统文

化的现代感。我们可以运用和引进新的技术及材料，但在形式上可以沿用传统的历史上的形式外表，使设计的建筑产生一种渐进的变化。另外，可以用重新组合的方法，把这些传统的形式打散分解成一个个片段，再把这些打散分解的片段自由地置换到现代文化空间中去。

对符号元素的解构运用具体表现如下。

①重构尺度。通过对装饰纹样大小和比例关系的尺度重构，在保存其精神内涵的同时，形成强烈的视觉冲击，达到震撼的视觉效果（图4-35）。

②置换材料。运用现代技术和材料使传统中的经典元素保持原有的形态，但赋予其新的造型语言。还可以将原有材质的位置创新地设计在新的界面上（图4-36）。

4.6 本土主义

本土设计（Landbased Design）的理论是由中国建筑师崔愷于2008年在同名著作中提出的，是对其个人建筑观和创作实践的总结及发展，为建设富有时代风貌和中国特色的建筑创作提供了总结性和前瞻性的理论基础。他认为本土设计是在现代建筑空间重视功能和形式统一的语境中，努力体现中国传统观念中追求和谐的具体体现，可以称为抽象现实主义和现代的传统主义。我国当

图4-36 宁夏民族大剧院用现代钢架等金属展现民族纹样

图4-35 日本梼原木桥博物馆室内空间夸张木构斗栱的元素形成新的强烈视觉效果

图4-37 辽宁高句丽遗址博物馆

代活跃在建筑创作一线的着眼于本土设计的领军建筑师有崔恺、王澍、刘家琨等，他们都创作出了大量具有深厚本土文化特征的文化建筑空间作品，例如崔恺主持设计的辽宁五女山山城高句丽遗址博物馆（图4-37）、青海玉树康巴艺术中心、北京首都博物馆、河南安阳殷墟博物馆等；王澍主持的中国美术学院象山校区（图4-38）、浙江杭州南宋御街陈列馆、浙江宁波博物馆等；刘家琨主持的四川成都鹿野苑石刻艺术博物馆、四川美术学院雕塑楼、四川成都水井街酒坊遗址博物馆等（图4-39）。

在上述的诸多创作中，设计师们没有采用传统建筑的中轴对称形式、在平面布局中以空间序列烘托空间氛围、大屋顶、斗栱、柱廊等显而易见的中式传统建筑符号，也有别于新中式建筑过分强调装饰赋予建筑的氛围属性，在建筑手法处理中显然仍属于现代建筑手法，走出了本土设计具有实际意义的重要实践道路。

本土主义建筑空间的基本理念是尊重自然和师法自然，最大限度地利用自然生态方式，不过度依赖工业技术手段，营造生态环保、节能节材、健康舒适的建筑空间环境，以适应不断变化发展和可持续发展的需求，其内涵具有时代性、地域性和文化性三大特征。

图4-38 中国美术学院象山校区

图4-39　成都水井街酒坊遗址博物馆室内空间

图4-40　传统的木构架结合现代的技术与功能需求（中国美术学院）

图4-41　本土主义建筑空间中的符号元素能够充分体现地域性

（1）时代性

本土主义建筑空间应具有源于社会的时代精神和源于自然的创新精神，它不仅要满足当今社会的物质要求（如使用功能和建筑技术条件），而且要满足当今社会的精神与文化需求。新本土主义因师法自然而师法古人，但师古在于神，其形式应是新时代的建筑技术和生活方式以及建筑空间文化的反映（图4-40）。

（2）地域性

文化建筑空间的地域性原则是其区别所有艺术和技术产品的一大标准。本土主义提倡建筑空间要顺应自然，适应当地的气候，而不是依赖技术创造人工气候。因为忽视本土气候特征的建筑空间，所创造的室内环境必然是高造价和高能耗的，而且其舒适性和健康性越来越遭到质疑甚至否定。因此，新本土主义将因地制宜视为空间营造的根本（图4-41）。

（3）文化性

空间的文化，它应反映空间所处社会的人居文脉、生活习惯、审美心理和建筑技术，空间文化一定是立足于本土的。新本土主义建筑由于其自身的本土原则，具有与生俱来的文化性，因而承载了文脉的记忆和建筑的精神。

本土主义设计师应该从具体场景中去收集信息，并用合适的建筑语汇去表达，把建筑语汇和具有场地代表性的代码巧妙地结合起来形成建筑的特色。设计师的态度应该是为建筑空间寻找适合那片土地的特色，而不是像扎哈那样追求个人的特色。空间的营造不是一种创造，而是一种发现。这样一种与场地的对话，是成就一个建筑空间呈现本土特色的根本。

第 5 章　文化建筑空间的形态与感知

“形态”的“形”是形象、外貌的意思，而“态”是指姿容、情态。形态就是形象与神态。物体的形象通过物体外形的各种元素表现出来，而物体的神态则由其外形、外形的各种元素以及它们的组合呈现出来。形与态综合反映出物体的品质和特性，所以，形态也可以说物体的内涵和神韵。

与物体形态的表达一样，空间形态被感知会有一个基本过程，即人们通过对建筑空间的观察、鉴赏以及在其空间内、外的活动中，从而感受到空间形态诸因素给观者的刺激。接收到这些信息后，把它们传递到大脑里，进行综合、整理。再通过回忆、联想与经历过的情景进行对照、比较，进而感悟到建筑的形态，形成观感，产生相应的情绪，最终进入特定的空间氛围里。

总体来说，空间形态是研究空间情感、文化表征的一门学科，并且和其他学科一样，空间形态有其明确的观点。

5.1 空间形态的基本元素

5.1.1 体

体有明确的三维性，有确定的立体形状。体的形状是人们观看空间时较为直观感受到的一种形态，如柱子的体、桌子的体、沙发的体等。有的体呈现稳重之感，有的体呈现轻盈之感。

体的类型主要分规则几何体以及不规则几何体。规则几何体是人类最早用、最常用的空间形体。它以规则、严谨、肯定、持重、明快、简洁等美感，长期以来为人们所乐用。它们的形状符合数学的基本规律，其结构计算清晰、明确，能较有效地控制其受力，节省材料及降低工程造价。规则几何形体所表达的情感较为被人们熟悉，其固有形态基本上已经约定俗成，容易被人们接受。也正是因为使用久远、使用量大，其缺点也是明显的，人们看多了、看惯了，慢慢对规则几何体的反应也就麻木了，甚至产生厌恶感。具体在空间中运用的规则几何体，主要有方体、棱柱体、圆柱体、椎体、台体及曲体（图5-1）。

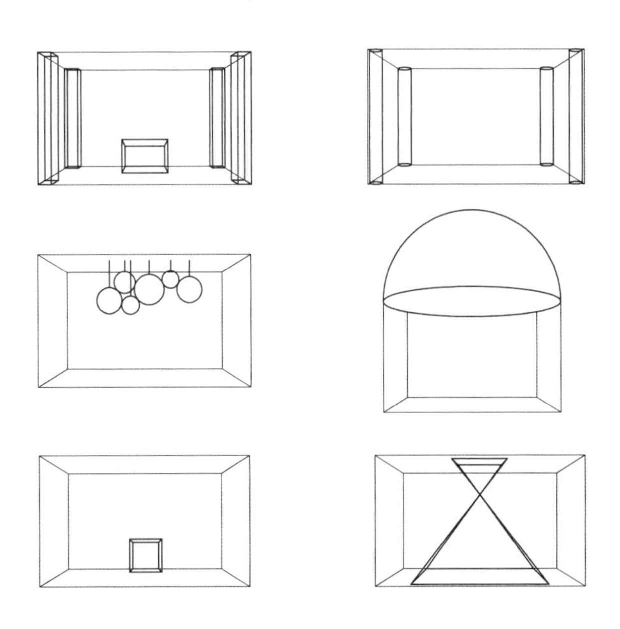

图5-1　空间中各式各样的规则几何体

方体包括方正体和长方体。在空间中应用较多的是长方体。方体以其形状规整，便于视觉度量，有明确的体量感，一般给人以严谨、规整以及平易近人的感觉，且其力学性能被人们透彻了解，是设计师常用的形体（图5-2）。正方体具高度的严谨性，给人四平八稳的感觉。长方体则按照其长、宽、高的比例不同而具备不同的形态，例如，空间中高度较高时具有纵向延伸感，人会感觉到渺小，对空间有崇敬之感（图5-3）；低矮的空间，人的尺度会被放大凸显，人会感到自我的彰显，层高过于低矮会使人的活动受限，产生束缚压抑之感（图5-4）。

棱柱体具有方体的一些特征，如挺拔、坚定、明快和力学性能稳定等。与方体相比，其多边形水平断面中的各个边更靠近形心，相对具有凝聚感（图5-5）。在外观上，棱柱体的面宽比方体窄，从而减小了体量感，棱柱体的面数也较多，故界面层次较丰富，给人以绚丽、变化的印象（图5-6）。面与面之间小于90° 的转折呈尖利状态，大于90° 的转角则显较敦厚体态。

图5-2　广东肇庆美的公园天下配套幼儿园设计，空间中的方体给人感觉严谨有序

图5-3　某美术馆空间，较高的立方体空间具有纵向延伸

图5-4　四川成都建川博物馆·战俘馆
将空间高度压低，使人感到压抑之感，以表达战争的压迫之感。

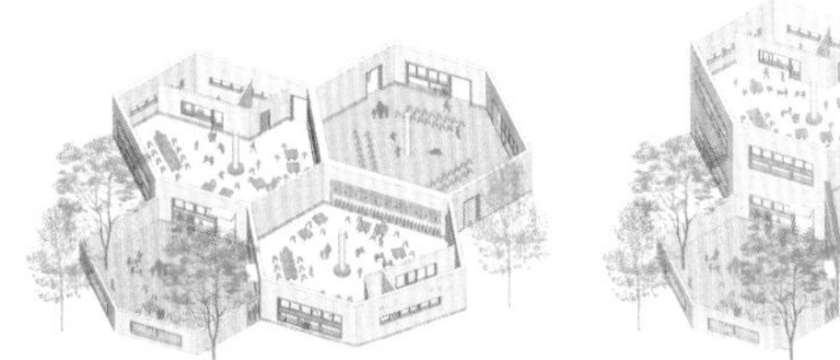
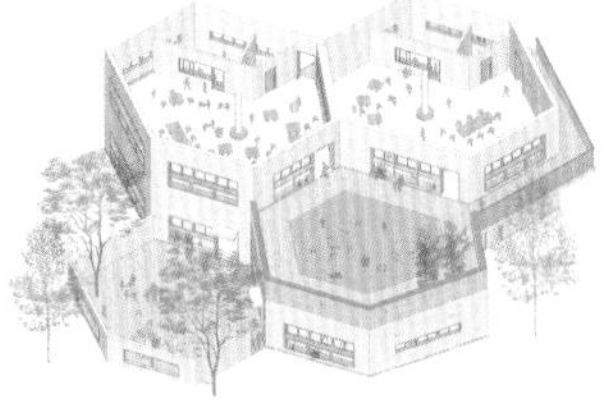

图5-5　上海华东师范大学附属双语幼儿园，六边形棱柱的空间具有相对的凝聚感

图5-6　某教室空间，多边形棱柱的空间形态使得空间界面较为丰富，相对于一般教室更具活跃的氛围

图5-7　某空间中，从减少用料考虑，围护构件多用圆柱形态

圆柱体的水平断面是圆形，垂直断面是矩形。几何学的知识告诉我们在同等面积情况下，圆形的边线比其他形状如矩形、多边形的边线都短。从空间设计的角度来说同等底面积的围护构件，圆柱体的围护构件面积比其他任何形状界面都要少（图5-7）。圆柱体的外观感觉比方体、棱柱体等都纤细。圆形的外表有各向同性，容易成为空间中注视的焦点。圆滑的柱体，呈现柔和、温顺和内敛的品性，给人以宁静、包容的感觉。也正是这个原因使得柱体成为入口空间的常用形体（图5-8），容易被人瞩目，成为亮点。柱体与柱体，或者柱体与其他形体之间连接的处理较为困难。所以柱体多以独立的形体出现在空间当中。成功的处理柱体与其他形体之间的连接能给人一种别样的感受。

锥体或台体的水平断面可以是各种规则的几个形状，如圆形、矩形、方形、三角形、多边形等。其垂直断面是三角形的为锥体，是梯形的则为台体，这类形体具有明显的指向性（图5-9）。当空间形体呈现锥体或者台体，其尖端顶部向上时，给人以稳固坚实的信念，并且给人以向上的指引。倒放着的台体，把正放时的稳重、坚定、纵向指引性变成了飘逸、活泼和有动感。这种空间形体有利于使用者注意力的集中。

图5-8　常作为入口形象的柱体空间

球体、半球体以及由抛物线等构成的各种圆滑形体，称为曲体。正向放置的半球体使用球体的上半部，在这种空间形体下，内部给人一种置身于苍穹之下的感觉；反向放置，则用球体的下半部，其跨度可以很大，其室内地面一圈圈地往上升，坐在那里的人们对着中心点，自然而然地产生注意力的焦点（图5-10）。随着薄壳结构或网架结构的出现，这种穹顶、覆盖式的曲体逐渐使用得越来越多，在众多的空间形态当中，曲体最容易成为人们的视觉焦点。

在现代的空间设计中不断有新的形态被设计出来，那就是不局限于任何一种规则形态的不规则几何体，因为相对于常见的规则几何体，不规则几何体挣脱了规则、严谨的枷锁，给人以新颖、自由、活泼、开放和动感。

图5-9 某空间吊顶设计，锥体具有很强的指向性，引导空间中的人们向此处汇聚

5.1.2 面

面围合成体，建筑空间主要由界面组成。面构成了建筑内部空间，反映了建筑内部的形态，人们也是通过各种面来认识、理解体的特性，了解空间所具有的形态。空间的面也是人们能直接看到和触摸的地方，它给人的感受最直接。面是空间形态各要素展示其魅力的主要场所，使用者可以根据各种面感受其给予的情感。面的形态直接影响到人们对该物体的观感。

图5-10 天津滨海图书馆的核心理念“滨海之眼”，以球体作为形象元素成为空间中的视觉焦点

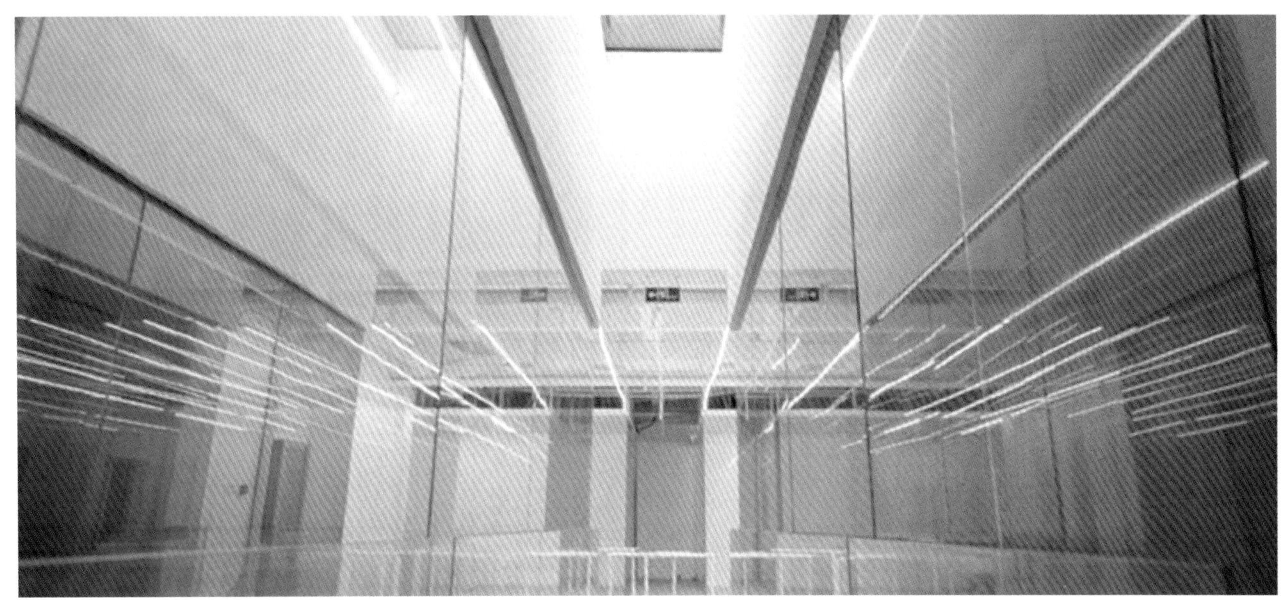

图5-11 空间界面的形、色、质、场等对室内氛围营造有着至关重要的作用

空间的面，包括内墙面、楼地面及天花板，也就是围合建筑的内部空间的面。室内空间的各个面，直截了当地参与建筑内部形态的表达。为使室内形态达到预期效果，就要精心策划建筑的内表面，注意其形态表达。内表面的形感、色感、质感、场感等对室内氛围的营造都起着至关重要的作用（图5-11），设计时应做多方案比较，应特别注意各物体与室内各面之间的相互关系。也要注意到室内是一个立体的空间，感受室内形态的观看点不可能固定在一个位置上，人们可以到处走动。人们不但可以看到室内各个地方，还可以通过门窗，看到另一个空间，看到室外的景物。因此在设计时要充分利用空间的相互渗透来丰富界面层次，做到借景、取景以增强室内形态的表达，这也是一种较高层次的表达。

面有着不同的特性，主要有形状、颜色、材质、大小、场效应。

（1）形状

面的形状展示出面在空间存在的形态。不同的形状有不同的风格、性情，例如平滑的曲面表现柔和、温和，在光的照射下，会逐渐地变化（图5-12）；平直的面表现出整洁、刚强的性情，其量感明显地增强（图5-13）；凹凸不平或多线条、多点的面被认为有变化，会产生不同的质感和量感（图5-14）；光亮的面华丽高雅，能更多地反射光线，给人变幻的感觉；粗糙的面朴实、原始；完整的面规整、完善；不完整的面虚实结合，留下想象的空间，引起人们的思索。

不同的几何形状，如矩形、圆形、多边形以及其他形状等，呈现不同的形态，给人以不同的感受。面所呈

图5-12 韩国某博物馆室内方案设计，在光影的作用下平滑的曲面出现的渐变效果

现的情感基本上与形状的固有形态相对应。规则的几何形状，表现规整、严密。不规则几何形状，显示活泼、有变化和动感。矩形刚正不阿，圆形油光滑润，多边形个性鲜明等。

面形状处理方法较多，基本上可归纳为加减法、挖洞法、切削法和轮廓线法。加减法，顾名思义是利用添加或者减除表面的某些部分，从而改变面原有的形状，也改变面的形态的手法。加法的例子很多，如最基本的在墙面添加装饰物或者壁画等，能够使界面形象更为丰富；或者使部分墙面界面凸出来，而另一部分墙面凹进去，从而增加墙面界面的层次感。在完整的面上添加不同颜色或材质的线条、块料等，对面进行分隔、变换，可以打破面的单调。减法不单指形状上的减少，也包括视觉上的减弱，例如把深色的墙面改成浅色，这样人们对墙面的视觉感受就会被削弱，墙面的形状也发生改变。再比如，在平直、形式单一的实体墙面上，故意把某一部分镂空变成通花墙或玻璃砖墙，这样立面就有了变化、有了对比，不再是平板的一块实体（图5-15）。

挖洞法与减法不同，它是在完整的面上开出一个洞来，这个洞可以是门、窗或是故意开的洞（图5-16）。由于有这个洞，人们的视线可以进入建筑的另一个空间，一个完整的面随即被打破，此时体不再被认为是实

图5-13 华润服饰VIVA VOCE展厅，平直的界面构成带有整洁、刚强的性情

图5-14 某展示空间运用多点、圆形构成的空间界面

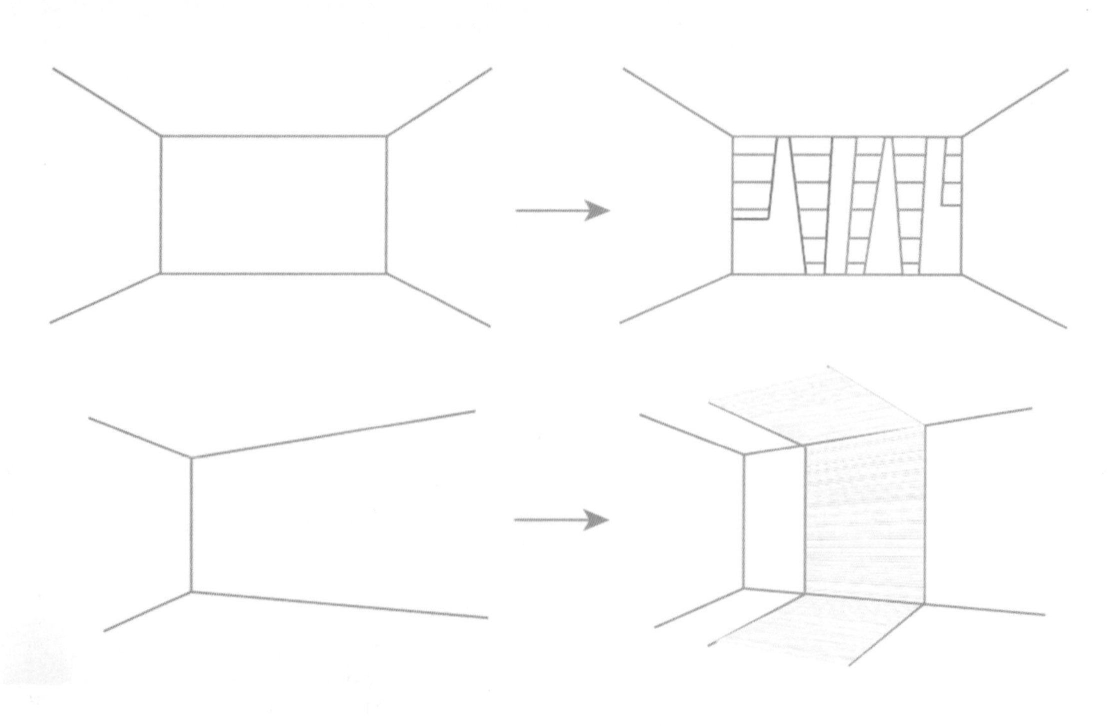

图5-15 面的加减法处理

心的，变成由壁板组成的空心盒子，体的重量感也马上减轻（图5-17）。这种手法不但打破了面的完整性，还改变了人们对体的感受，改变界面的平衡感。当人感觉到界面之间不是那么均衡时，可以在较大的实体墙面上开洞。随着洞口的大小变化，实体墙面的体量感随之变化，界面之间的平衡关系也被改变。为了减少室内空间的单调感，引入另一个空间的美景，常采用开洞的方法，增加该处的空间层次感和变化性，起到引人入胜的效果。

切削法与减法相似。减法是减除局部的面，而切削法是把面切除或削去较大部分，使其形状得到更大改变，从而达到更强烈的空间界面形态效果（图5-18）。切削法通过变换手法使面变成另一种形式或使它在感观上削弱，通过这样的处理能使界面得到本质上的改变（图5-19）。

轮廓线法是对面的形状进行处理的最直接的手法（图5-20）。它直接把面的边线制成某一种形状，从而改变了面的形态。轮廓线法能使界面增添活力、增加变化、减少呆滞感，例如把一道平直、方整的面通过对其进行边线上的处理，使之变成非平直的、非方整形状的面，从而表露出一定的韵味；一道围墙，其顶部一般是平直的，但故意地把它建成起伏的波浪形，有的还加上小坡瓦，并称为龙形。中国古建筑的硬山墙也可视为轮廓线法的例子（图5-21）。现代建筑空间常采用轮廓线法来改变面的形态，从而使其更具活力。

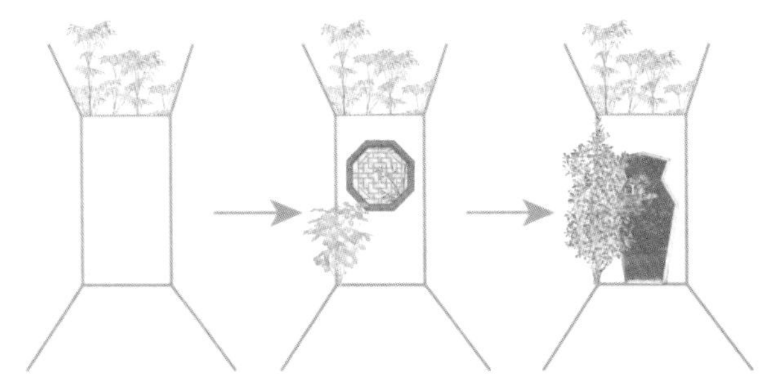

图5-16　面的挖洞法处理

图5-17　上海青浦设计公馆界面挖洞法处理后减轻了体的重量感，避免原空间封闭形成的拥堵感

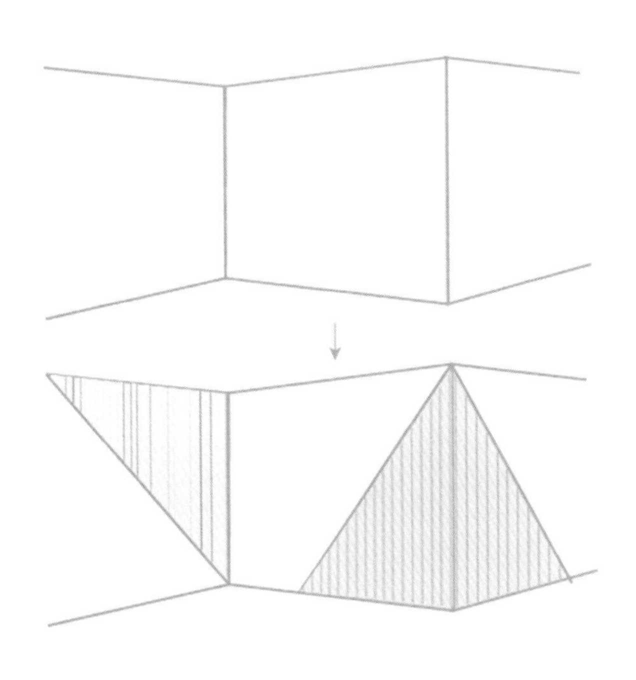

图5-18　面的切削法处理

图5-19　北京民生现代美术馆，经过切削的面相互构成丰富多样的形式

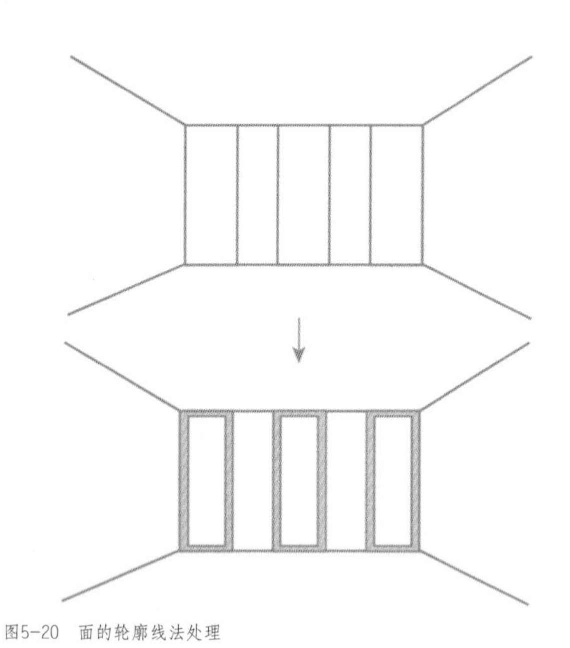

图5-20 面的轮廓线法处理

图5-21 硬山墙可以看作是中国传统的轮廓线处理方法

（2）颜色

面为颜色提供广阔的“表演场地”，通过对颜色的运用，界面可以变得五彩缤纷。随着建材的发展，材料的颜色、彩度也越来越多样化。颜色能提示界面的表面用料，增强界面的质感。不同方向的面，采用不同的颜色，可以使界面的形态得到调节或强调，使其形态更为突出地表露出来。同一个面，当配以不同的颜色时，面表达的情感甚至连同体表达的情感也随之改变（图5-22）。通过界面表面颜色的处理、运用，可以使界面形态更鲜明、更能营造特定的氛围。例如，大红大紫、鲜艳夺目的墙、柱面，会使人在远处就感受到热烈气氛；贵重金属颜色的面，显示出高贵、阔绰的气派（图5-23）。

（3）材质

任何面都需要材质作为载体出现。木材、石材、玻璃、钢板、布匹等，所表现的材质截然不同。使用者通过面的覆盖材料，感受面的质感。文化建筑空间内墙面常用白灰混合砂浆（图5-24）、清水混凝土（图5-25）、石材（图5-26）等材质。材料表面的加工程度，会导致材料产生不同的光滑度，从而使人们感受到面的情绪传递。光滑如镜的面有洁净、明亮的效果，给人以冰冷的感觉；亚光甚至粗糙的表面，则给人温暖和朴实的感受。

（4）大小

面的大小直接影响观察者的感受。当面的尺寸较大或者近距离观看时，面的轮廓线已经超越观察者的视角

图5-22 界面的颜色不同影响的空间氛围也不同

图5-23 丹麦实验科学中心的巨型铜楼梯，光鲜的黄色带来高贵、阔绰的气质

图5-24　绩溪博物馆室内一角，采用白灰混合砂浆批荡

图5-25　某空间的清水混凝土材质的处理效果

图5-26　商丘博物馆的室内石材墙面

图5-27　上海某个人美术馆展示空间，将整面分割成若干块

范围。此时，面的色感、质感成为面的主要属性，而面的形状会被忽略；相反，面的轮廓线越靠近观察者的视觉中心，面的形状感越强。面的大小是可以处理的，当面的尺度较大时，可以用分格分片的分块手法，使之变成小尺度（图5-27）。内墙面、地面、天花板等室内的面，常较为接近人们，其尺度小一些会显得亲切宜人，故此人们常用挂画线、墙裙线、踢脚线等把墙面分割成小一点的面。地面则用被称为“波打线”的围闭线以及地砖线等分割。还可以采用天花、藻井等把它变成多规

图5-28 北京春季艺术博物馆，将空间多个面整合成为一个面

图5-29 某展厅一角，因为色彩鲜艳的家具及灯具的出现而产生场效应

格、多层次。通过这些手法能把大幅的画面变成小尺度和改变比例关系，使之变得更和谐、协调。当要增加面的尺度时，可以采用统一、整合的手法，把各个面组合成大尺度（图5-28）。

（5）场效应

面的存在，不但其形状、颜色、材质、大小给人以不同的感受，还因其场效应而影响到空间的形态。面以不同的形、色、质、量等形态因素，辐射其形态场，左右着空间的形态。一块方形的石块，没有正面与背面之分。当在其中的一面凿出花纹或者刻上文字，使之成为石碑，则产生了正面与背面之分，也产生了上与下之分，这是形态场的空间性、方向性、位置性等特性，导致面的形态产生根本变化，从而影响空间的形态。面的尺度较大，通常被其他因素，如线、点、颜色、材质等产生的形态场所调节。例如一件小小的饰物，因其特殊的形状或对比强烈的颜色与所在墙面产生强烈的反差，从而吸引人们的注意，影响着该墙面的形态（图5-29）。

5.1.3 线

空间中的线无处不在。在空间形态中，一切相对地具有细长形态，都具有线的性质，都可以看作空间形态中的线。在空间形态中，线具有神奇的作用，一条围闭的线定义了面，并确定了该面的基本形象，而大尺度的面又可以通过线把它分成若干小块（图5-30）。从大尺度的面分割出来的面，其形状、大小更有赖于线来确定。线不但可以分割面，还可以把缺损了的或被割裂的面重新整合。线还可以夸大面或体的某个尺寸和改变面的比例。

建筑空间上的线种类繁多，按大小可分为粗线和细线、长线和线段；按形状可分为直线、折线和曲线；按位置可分平面线和空间线；按方向可分为垂线和横线；按性质可分为连续线和不连续线，实线和虚线，凹线和虚线等。综合起来线按照属性可分为三大类，分别是装饰线、结构线、光影线。

①装饰线，简称饰线，主要是指墙面、楼地面、天花板以及门窗、家具等面上的线。它们均附在各个面上，所以也称面上的线。饰线一般没有结构功能，更多地具有装饰性，它们可以分割、定义及装饰各种面，使所在面变得绚丽多姿，从而参与形态的表达和氛围的营造（图5-31）。墙面上的饰线起到美化墙面、分割墙面以及改变墙面比例关系的作用，还可以反过来使分开的

图5-30　北京某商业展示空间，大尺度的面可以通过线把它分成小块

图5-32　西班牙阿斯图里亚斯美术馆，通过连续的直线将空间界面的连续性加强

图5-31　上海幸福蓝海国际影城室内，装饰线没有结构功能，参与美化、调整界面

面重新整合，把它们整合成一个整体，之所以这样是因为人们在认知事物的过程中会通过联想，将缺失部分修补回来。例如墙面的完整性往往被门窗等洞口打破，变成有破损的面，如果设置了水平饰线，如勒脚线、踢脚线、腰线、挂画线等，由于这些线的存在，人们会通过想象把实际上被断开的连续面连接起来（图5-32）。天花板与墙面夹角上的饰线，能使天花板具有藻井的效果并增加该局部的高度感。没有任何饰线的门窗给人的感觉是平淡、朴素，人们往往通过在门扇上添加饰线使之被强调出来并富有一定装饰性。饰线还可以使空间更具地方特色和宗教色彩。人们对一些特殊形状的线赋予特定的含义，成为一种地方或者宗教符号。

②结构线也称为实体线或实物线，是建筑空间结构所需、具有结构功能、解决空间力学问题的线。这类线在空间中随处可见，梁、柱等建筑结构构件形成的线以及墙面相交的转交线，往往是结构所需、无法避免的。如今，随着建筑技术的不断发展，结构对于设计师的限制越发减少，这是一把双刃剑——有好的一面也有不好的一面，好的一面是可以大胆地构思线条以达到理想形态（图5-33）；不好的一面是往往会增加结构的负荷，增加建筑的造价。因此对于结构线，是利用还是隐藏，这是设计人员要认真考虑、精心处理的问题。

③光影线是一种特殊的线，自然光线或者人工照明把光与影投射至墙面或地面上，随着时间的变化而缓

图5-33 加拿大恐龙博物馆室内，结构性的线条本身也可以成为空间美的元素

图5-34 上海幸福蓝海国际影城影院室内空间中的特殊线条——光影线

慢地移动着、变化着，诱人遐想。光影线的动感十分强烈，充分组织利用，会使空间增添不少动感和情趣（图5-34）。

在空间形态中，线型的长短、粗细、曲直、颜色、材质及位置等，均蕴含着不同情感。伸张还是收缩、粗犷还是纤弱、刚强还是柔和、巧与拙、动与静，各有各的情调，不同的线表达着不同的情感。例如直线，它具有坚毅、坚强的性情，给人肯定、明确的信念，象征着绝不含糊、坚定不移的品格。水平直线表现出平静、舒展，等距排列的水平直线还可以夸大面的横向尺度（图5-35），调节面的高宽比，而垂直的线组夸大了竖向尺度。曲线表现出温柔、优雅、轻盈、活泼、动感，空间曲线更具飘逸情态。规则的曲线表现出严密和规律性，不规则的曲线表现出自由、奔放的空间形态（图5-36、图5-37）。同曲线一样，由于折线的起伏产生了动感，

图5-35 某空间设计中等距排列的水平直线还可以夸大面的横向尺度

图5-36 苏格兰阿伯丁大学图书馆新馆内部，规则的曲线表现出严密和规律性

图5-37　墨西哥某博物馆，不规则的曲线表现为自由、奔放的空间形态

又由于折线尖利的转折，呈现一种锐利、刚强的性情（图5-38）。粗线呈现出厚重、刚拙、坚实，表达坚定、有力的概念。细线与粗线相反，细线表现精细、柔弱、敏锐以及轻盈、优雅。长线给人以无限延伸和舒张的感觉。线段与长线相反，给人以受制约、无法伸张的感觉。围闭线也称作封闭线，是围成图形的线条。围闭线最大的特点是定义了一个区域、一个特定的面，其表现出来的形态是向心的、统一的宁静。

5.1.4 点

在形态学里，除了早已熟知的点如焦点、节点、端点之外，还把相对较小、相对独立的物体定义为点，并把它们称为场点。空间形态学中的点，都具有共同的特性，它们会产生形态场，并引发场效应，影响所在场景的感观，产生形态场，影响该场景的空间形态，是所有点最突出的表现。空间形态里的点虽然多，经过综合，基本上可以分为四种，即焦点、节点、端点以及场点。

（1）焦点

焦点是指人们视线聚集的地方，即视线的焦点，也是空间中的点睛之笔。在空间设计中如若空无一物，会令人失望，促使人匆匆离去；而如果设置的设计点太多，琳琅满目，则会使人眼花缭乱，无所适从，这两种状态都是不好的。所以空间的焦点不可不设，亦不可滥设，更不能把众多的设计点全部展现在人们的面前。例如博物馆里的展品，需要一件件有序地分开陈列，让人逐一浏览，在一定的视觉范围内最好只设置一个焦点，吸引人们的注意，其他地方应平淡、协调，以作为铺设，只起烘托作用（图5-39）。

图5-38　某空间设计，楼梯可视为空间中的折线元素

图5-39　瑞士库尔美术馆，为了更好地将展品作为焦点出现，周围环境简化处理以作衬托

（2）节点

线的交汇处被称为节点。装饰线的连接处，梁与梁及柱与柱的交接点，块料接缝线的交接点和道路的交汇处等都称为节点，节点对线起着至关重要的控制作用，它分隔线，连接线，使线过渡，承担线在此交汇、转换、变化的功能。

（3）端点

线的始点和终点、空间角落的顶点都可视为端点。端点往往是人们关注的地方，并且多是首先被关注的地方，它的形态会影响整个空间的形态。端点常作为空间尽端给人视觉上的落脚点，对之前所有的空间体验进行收尾，因此空间点的设计往往要营造意境给人以想象的空间，感觉意犹未尽（图5-40）。

图5-40 美国纽约曼哈顿中城现代艺术博物馆，场景的尽端作为端点应重点设计，营造意境

（4）场点

场点即场景里的点，它是以所在场景即周边环境及背景界面为依托的相对较小、相对独立的物体。场点也被称为背景上的点，或简称面上的点，例如空间界面上的单独窗、独立的装饰物或面上的小点等（图5-41）。场点与场景息息相关，没有场景、没有空间环境及背景界面就没有这种点，场景对场点，很多时候是场景的传神、神韵所在。场景起烘托作用，同样影响场点，场点与场景相互影响、共生同灭。点具有向心、收敛和聚焦等特性，正是点的这些特性，使它产生形态场并向四周辐射，影响所在场景。点因其小，故而是集中的、收缩的、闭合的，在大面积、开放的、扩散的场景中很容易形成差异，成为人们注视的焦点。当点的风格与场景的一致，其尺度也与之匹配时，就能够达到协调的效果，排列有规律的场点可以为界面呈现出一定韵律的效果（图5-42）。

图5-41 某空间设计，不单顶面由点组成，空间中零星摆放的柜子也可以看作是点的形态

5.1.5 组合方式

空间整体是由各种元素构成的，在满足使用功能需要、场地条件等情况下，可以使用不同元素来组合构建空间整体。人们常用的组合手法大致有叠合、穿插、并列、串联等。

叠合是将多个元素叠加起来，组成空间或者整体的一种手法。参与叠合的元素其大小、形状可以相同，也可以不一，在空间设计中叠合是最广泛使用手法（图5-43）。

图5-42 面上的具有韵律的组合点

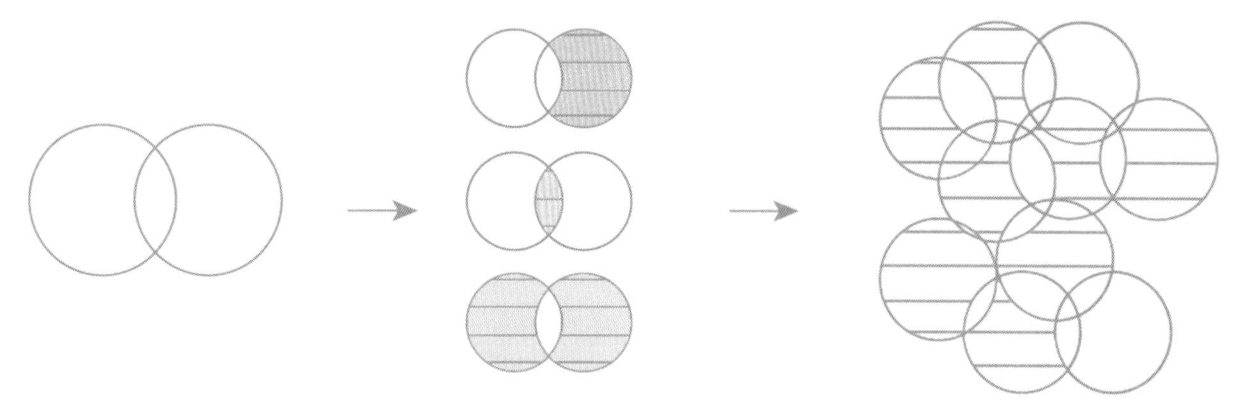

图5-43　元素的叠合示意

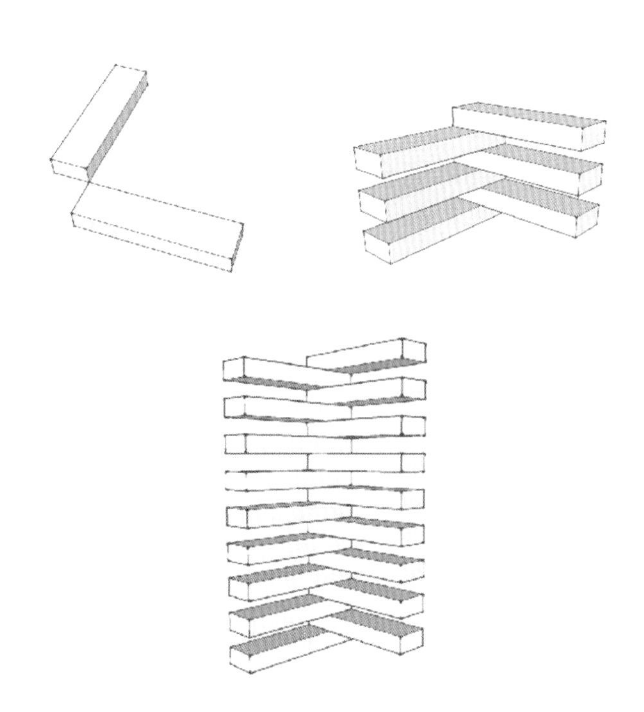

图5-44　元素的穿插示意

穿插是指大小不等的相同或不同的元素相互穿插，从而构成空间的组合手法。采用穿插手法可以增加空间的层次感与形式美（图5-44）。

并列是将两个或更多的元素并排放在一起的组合手法。相对于穿插来说，并列会产生另一种韵味，多个相同或相似的元素并列能给人一种韵律感，例如一排排的柱子、一列列的梁，室内列柱与横梁构成了排列着的空间区域。不同的元素并列，则产生对比，给人以鲜明的变化感（图5-45）。

串联是将两个元素相对独立并存，它们之间仅用部件相连。例如人们通过连廊将多个空间相互串通，穿越其中，从一个空间到另一个空间，从一种景色到另一种景色（图5-46）。

组合时应遵循统一、均衡、协调等法则，对元素进行组合能使组合体和谐美观。故意打破这些法则，使组合体不均衡、不和谐，有时能收获意想不到的惊喜，也有可能给人以凌乱、无品位的感觉，因此在打破这些规则的构思之前，应慎重考虑。

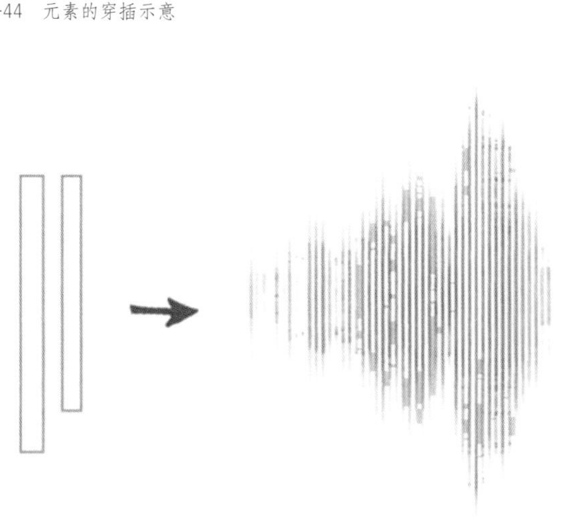

图5-45　元素的并列示意

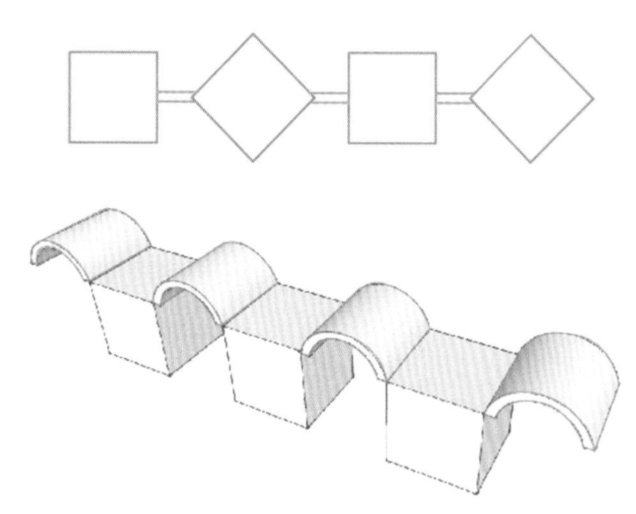

图5-46　元素的串联示意

5.2 空间形态感知的基本要素

5.2.1 形

不同的形给人以不同的感受，从而使物体表现出不同的态，形感是形态的第一要素。空间无论是整体、局部，还是细部，其形态都应是和谐的、统一的，应为所要营造的氛围服务。

形感，简称形，是空间形象给人们的感受。无论任何物体包括空间，都有一定的形状，呈现相应的形象，给人以不同的感受，从而影响人们的心境，这就是形感。正是世上万物，形态各异；展现情感，百态千姿。

空间里的形是最容易被各种文化、各种文化层次的人所理解和欣赏的。很多文化建筑空间内部以形为主题，以其独特的形状、鲜明的形象，给人以强烈的形感。相同的形可以形成不同的体，有怎样的形就有怎样的态，形和态是分不开的。通过对形的感受，人们会进一步感悟出空间的形态、神韵（图5-47）。

图5-47 民间艺术博物馆内部的形感使人迅速领会传统建筑与园林的神韵

在认识形的时候，一定要明确区别开体、形和态，否则很容易把它们等同起来。体是具体的物质、物体；形是体经过抽象、简化而产生的形象；态是人们通过形的观察，从内心里感受到的神韵、情感（图5-48）。虽然态与体有关，但是已脱离了体，成为一种感官。研究形，会归结到研究物体的剪影线，体的外形与外轮廓线有关，美好的外轮廓线会给人美好的感观，不好的外轮廓线会产生不良的影响，给人恐怖感，外轮廓线是形的表征。

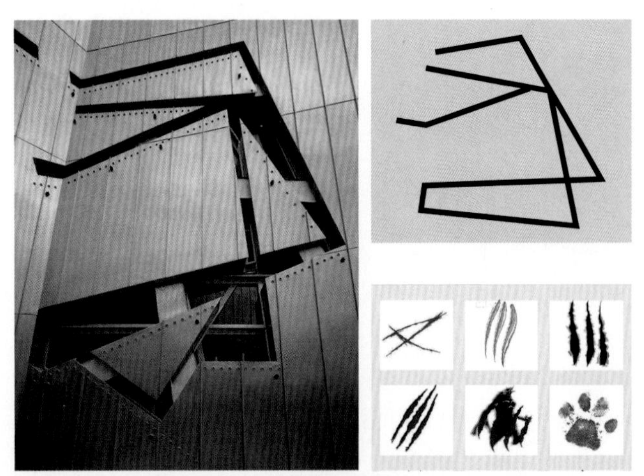

图5-48 犹太人博物馆的开窗方式，区分形、体、态

在文化建筑空间设计中，改造室内的形，基本上有重组、再分、渗透等几种手法。

重组就是把空间内的元素重新安排组合。例如整合原有空间的面积分配、比例，需要按照新的功能来安排室内空间的功能布局，对室内空间进行全面的、较为合理的调整，这也是空间设计的常规做法。重组既可以用单一点、线、面、体进行处理，也可以相互结合地进行重组（图5-49）。

图5-49 某空间设计，可看作是运用线与体的重组来构成的

再分就是通过增设一些隔断等构件，把原来没有设置的功能使用区建立起来，使空间的形更符合需要（图5-50）。如在大门入口设置小门厅，以形成一个过渡空间，增加内部空间的私密性。

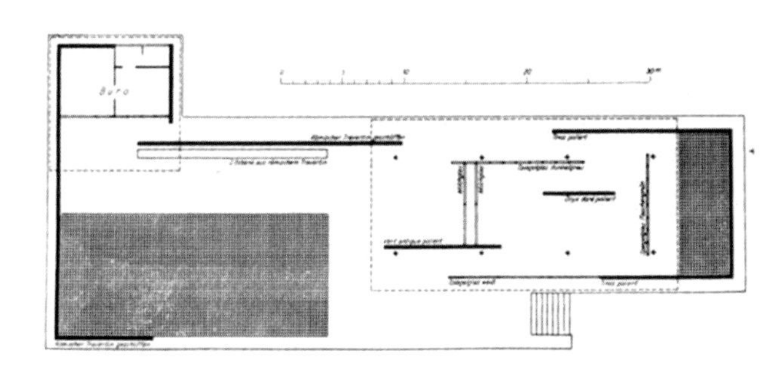

图5-50　西班牙巴塞罗那国际博览会德国馆，运用隔断将空间再分，使原有整块的空间变化极为丰富

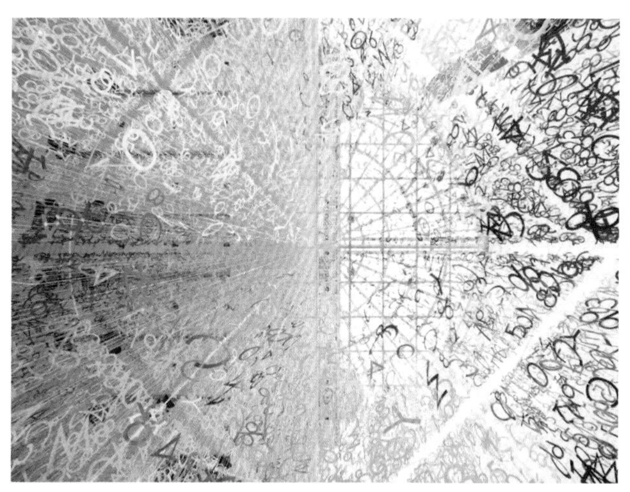

图5-51　空间中的颜色种类过多、饱和度过高会导致视觉疲劳

5.2.2 色

色即色感，不同的颜色表现出不同的情感，给人们不同的感受，而且这些情感和感受还与地区、民族的习惯和宗教信仰有关。颜色应该说是最具情感的建筑空间形态要素。颜色以其不同的色相、明度、彩度表现出不同的情感。其中主要有冷暖、远近、胀缩、高贵与朴素等基本情感。由于颜色对于人们感官的刺激特别强烈，颜色过多、饱和度过高还会导致视觉产生疲劳感，这些都对建筑空间形态产生影响（图5-51）。

图5-52　粗糙石材的质感给人以原始、厚重的稳定感受

5.2.3 质

建筑材料以其质地、纹理、光滑度给人视觉、触觉、嗅觉的感受，这就是质感。质感以其独特的性能，参与了建筑空间形态的表述，使建筑空间表现出不同的氛围，既可以直接显露建材的本质，也可以采用覆盖的手法，以达到预期的形态效果。在形态诸要素中，质感是唯一与触觉、嗅觉有关的要素。人们通过与物体的接触，感知到物体是硬还是软、是冷还是暖、是粗糙还是光滑，这些感受往往不能靠视觉获得。但人们经常相信经验，常用视觉代替触觉，从物质反映出来的外观情况判断物体的材质，凭经验推测质感（图5-52）。也正是这种现象，使得现在的材料比过去更丰富、更具多样性，也使设计师有着更多的发挥空间。

质地是物质表现出来的颜色、手感。纹理则是物质呈现出来的特有的花纹。同一种物质，因其表面的加工深度不同形成不同的光滑度，给人的感受也不同。例如石材，有毛石、粗加工石、细加工石、磨光及刨光之别。不同的加工深度，其质感有很大的区别，反映出来的形态亦不一样（图5-53和图5-54）。

图5-53　某汽车展示空间较高的光滑度及较高的反光使得材质具有现代甚至未来感

图5-54 某博物馆空间，抛光后的混凝土质感显现出朴素、淡雅的气质

图5-55 加拿大亚伯达省的卡尔加里公共图书馆，层层上升的楼梯连接中庭上空，给人以高阔的空间感受

5.2.4 量

高阔、宏大的建筑空间具有震撼性，精致、小巧的空间呈现亲人的尺度。尺度和比例是体量感的表述，重量感使建筑空间表现出稳重或轻巧。建筑空间形态中的量，包括体量和重量，即体量感和重量感，主要是衡量体量和重量给人的感觉，探讨如何利用这些量感来表达建筑形态、营造氛围和怎样纠正视觉差引起的失真，从而使空间更符合预期（图5-55）。量给人们的感受很直接也很强烈，它直接影响建筑空间的形态，影响人们对建筑空间的评价。走进宏大的宫殿，走近巨大的神像，人们会强烈地感受到一种威慑力量，觉得人的尺度很渺小，进而膜拜神灵。站在高山之巅，俯瞰脚下群岭，豪气顿生；小巧的工艺品使人感觉小巧玲珑、精致（图5-56）；坚硬的实体，安全牢固，可依可靠；外挑的曲线形物体，轻盈飘逸（图5-57），这些都是量产生的感受，被称为量感。

人们判断量的大小，以及量给人们的感受，时常与物体的实际尺寸、实际重量有别，而与物体所呈现出来的形象有关。一个选用透明材料做成的物体，无论它有多大，也不管其真正的重量有多少，肯定不能产生“重”的感觉（图5-58）；相反一个巨石形状的物体，虽然中间是空的，只在外面具有石质感觉的，实际很轻。建筑空间就是利用这种量感变换，按照设计意图变重或者变轻、变大或者变小，从而取得预期的效果。

图5-56 江西景浮宫瓷器艺术馆，上下呼应的大展台对比着展品的小巧，凸显其精致的气质

图5-57　某空间设计中的悬挑曲线形物体显得轻盈、飘逸

量通常由视觉观察而感受出来，而非经过测量或称量得出。对量进行调节的手法，综合起来主要有衬托、整合、分块、调整手法（图5-59）。

衬托手法，就是利用放在一起的物体产生对比关系和人们视觉的弱点，使大的物体显得更大、小的物体显得更小的方法。例如高层建筑旁的副楼或裙楼也起到类似的作用。

通过整合，可以把零散的甚至不在同一平面的体聚合成另一个体，从而增大其体量感。整合是通过采用统一的手法来达到的，把原来零碎的不在同一平面的体，施以相同的色调或通过连贯的线条等，将其统一起来，形成一个大的整体。

分块亦可以称作化整为零。体量大的面或体，很容易形成大尺度，无法给人亲切感。此时，可以通过不同的颜色、质地以及线条等空间形态因素，把完整的面或体变成若干小块，减小体量感。

视觉差经常影响着人们对体量的判断。同一大小的物体一个放在远处，一个放在近处，常会在透视影响下

图5-58　某空间内部透明材料做的物体，无论多大也产生不出重的感觉

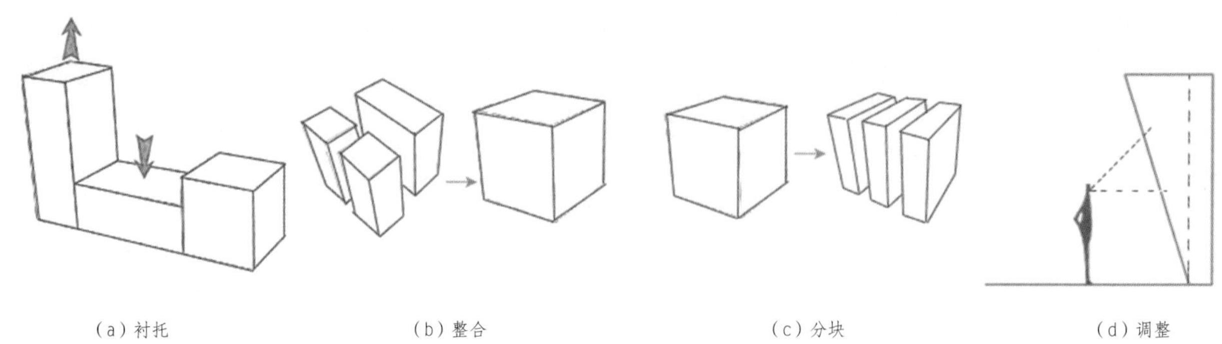

图5-59 衬托、整合、分块、调整手法示意

感觉近处的大，远处的小。由于立体透视引起的误差，要做适当调整。古代的工匠们早已注意到这种现象，在建造佛殿里的大佛时，故意将大佛的头部比例稍稍加大，并使大佛向前倾斜。经过这样的调整，人们在近距离参拜、瞻仰大佛时，反而觉得大佛比例恰当，且坐得很正（图5-60）。

5.2.5 场

只要有物体存在，该物体就会以其形态影响所在的环境，影响其形态、观感，引起人们产生某种特定的感受。也就是说物体会对所在场景产生"场"的辐射作用或效应，影响到观察者的情感，空间形态把物体对场景形态所产生的影响或作用，称为形态场。

任何地方，不管有物体与没有物体，该处形态场是完全不同的。例如白墙上是否有挂画，是中国画还是西洋画，给人的感觉都会不一样，这就是形态场的作用，是一种场效应（图5-61）。

物体的形态场具有明显的空间性、方向性、位置性。

一个物体设置于一片空间当中，会相应产生一定领域的空间属性，甚至是一种空间上的限定，例如舞台凸起的平台就将原本是整体的空间区分成平台上的空间以及平台下的空间，这使得凸起的舞台具有了明确的空间性。这种空间性可以定义空间的性质、层次和影响该空间的形态，对文化建筑空间设计的表达和氛围营造起着不可替代的作用。在空间设计中经常利用形态场的这个特性，解决场地的空间问题，使建筑空间达到预期的形态效果（图5-62）。

物体产生的形态场不但有空间性，还具有方向性或称指向性，起到指引和导向作用。例如两列规律的构件排成的廊道，就具有明确的导向性（图5-63）；一字

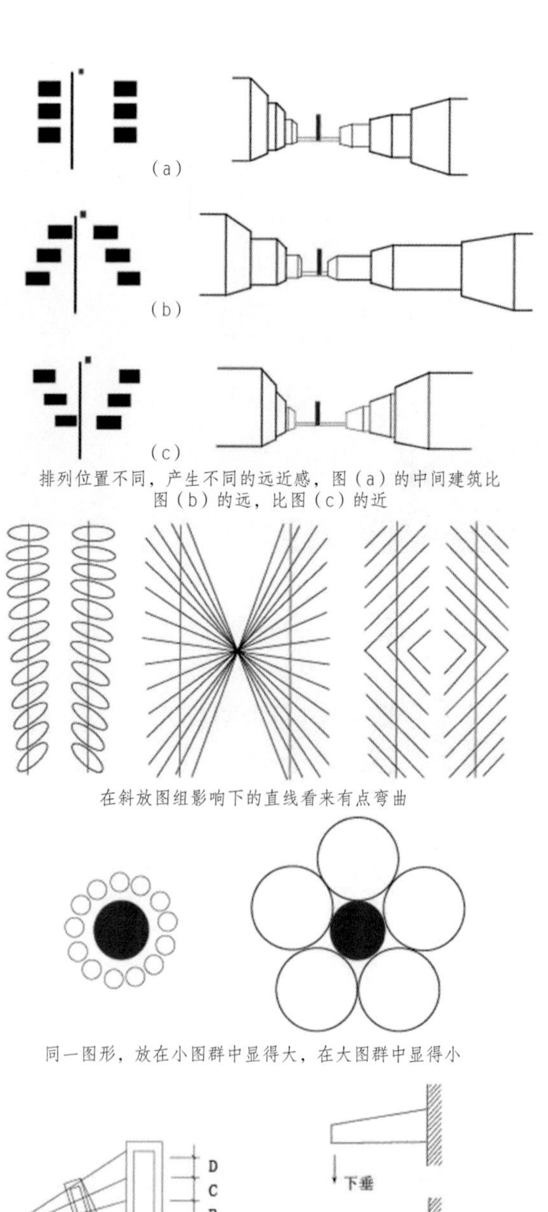

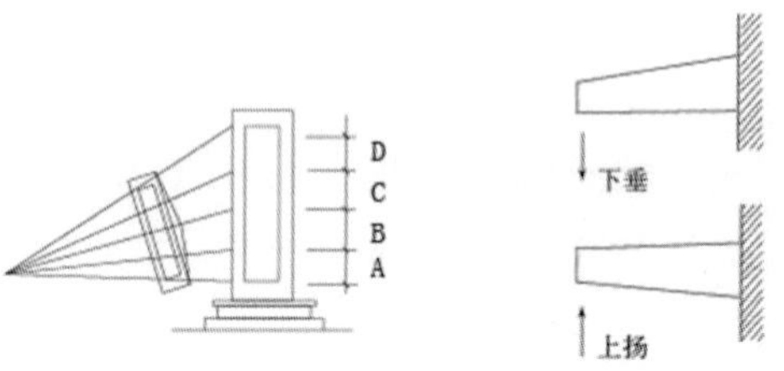

为调整错觉，碑文应上大下小　　不同的悬挑板会产生不同的错觉

图5-60 常见的视觉差

图5-61　秦皇岛沙丘艺术空间，纯白的空间中因挂画产生了场效应

图5-63　规律排列的构件形成的具有指向性的场效应

图5-64　深圳海上世界文化艺术中心，造型活泼的吊饰成为场景中的构图中心

图5-62　新泻市秋叶区文化中心，因抬起的舞台产生的聚焦视点的空间性场效应

形的分隔墙，除了把空间分隔成两个之外，还引导着人们沿着墙根行走去寻找出入口；当两道分隔墙相交时，则形成内外空间。面对墙的内夹角人会产生明显的内向性，相反，人背靠内夹角面向外边时，因墙的延伸性而呈外向性。

由于物体产生形态场，其位置就显得十分重要，物体摆放在不同的位置都会产生不同的效果。突出影响的就是整个空间构图的重心，整体空间重心位置摆放物体的侧重、疏密关系，都影响着空间构图的均衡与否，如果位置不恰当或者缺乏相应的支撑，则整体空间无法达到均衡的效果（图5-64）。

5.3 空间形态的处理手法

空间形态的处理是运用空间形态的基本原理营造建筑空间的手法，是营造文化建筑空间氛围的重要途径，也是赋予文化建筑空间空间内涵、展现其内涵理念的重要手段。常用的处理手法主要包括增减、变异、隐喻等。

（1）增减

增减技法是通过对人们熟识的空间形态进行增添或删除其中某些东西，从而达到一定造型效果，也是建筑空间设计中最常用的、简单可靠的技法。增减技法的具体做法有很多种，主要有附加、切挖、重复、组合和简化（图5-65）。

图5-65 线的重复

（2）变异

变异技法是使空间形态发生质的变化，从而改变了各形体的固有情感，使之产生另类的情感与形态。例如方体不再平直、球体曲面的平滑性发生改变，此种技法也多依赖于现代科技。变异技法包括拉伸、扭转、错位、断裂、曲折等（图5-66）。

（3）隐喻

隐喻就是把真相隐藏起来，通过暗示、比喻的手法，表露出物体的特征、性情、形态，让人们通过观察、想象，领悟到原物体的神韵。这种带有喻意的空间给人们留下想象的余地，把人们引向思索、猜想，感受到其喻意效果，有时也会直接设定某种形态。这种犹如设定谜底的猜谜方法，给人以无穷的乐趣（图5-67）。

5.4 空间材质肌理构成设计

在进行材质选用时需要有计划地组合构成，而且需要分析不同材质的视觉肌理的基本特征，获得感知的肌理表现语言，根据人们自身的感官、感受进行分类，通过对构成基本元素的了解后，按照不同的构成形式与材质肌理组合运用，将传统的材质肌理分为视觉肌理和触觉肌理两大类别。

图5-66 比利时某装置艺术空间，面的变异扭曲

图5-67 日本东京G8美术馆，纯白空间中线的隐喻

以构成形式与材质表现相结合所产生的肌理设计，所表述的视觉肌理不仅仅包括视觉肌理的单一基本形态，同时也指通过构成原理重构组合后，从视觉上获得感知的肌理表现语言。主要通过视觉传递感受物质材料表皮纹理的表现形式。疏密关系、色彩关系、图形形态关系的不同都能使人产生相对应的视觉感受。触觉肌理则是通过不同或相同材质的组合后，物质材料表皮凹凸不平所产生的或粗糙或光滑等的触觉感受，从而引起人们内心丰富的心理反应。

5.4.1 视觉肌理设计

视觉肌理是指可以通过视觉获得感知的肌理语言，从视觉传达过程中呈现出的形态特征。视觉肌理设计主要的表现方式是将图形组合设计后通过手工印染或机器印制于某个物体表面的方式呈现。它与触觉肌理最大的区别在于，它不能使人在三维空间中从触觉上感知其肌理构造和质感，视觉肌理构成了肌理审美的主要内容。基于此原则，笔者对印刷与材质效果相结合所产生的视觉肌理的要素进行分析。我们所常见的视觉肌理设计主要分为平面化视觉表现肌理和立体化视觉表现肌理（图5-68）。

室内设计中，各种材料质地不一的肌理表现元素充斥其中，视觉肌理的运用手段多以墙纸、墙布作为载体，以图形表面性肌理方式进行设计。墙纸、墙布中，平面化视觉设计纹样肌理，以图腾、花草纹样、点线面、鸟兽等图形符号作为主要表现形式，印制于某个物质材料表面，且根据不同风格进行设计融合。

5.4.2 触觉肌理设计

触觉肌理在设计中呈现的表现效果近似于立体浮雕设计的表现形式。通过触摸感知，具有凹凸感的肌理均属于触觉肌理。创作过程中，任何能够黏附于物体表面的物质肌理形态都可做成触觉肌理。物体材质表面所呈现出的纵横交错、凹凸不平的纹理形态，均是物象表层的肌肤纹理。肌理即材料表面的纹质理路，是一种客观存在的物质表面形式，根据不同的因素对肌理进行不同分类，从材料表面的构成方式来看，可以分为自然肌理和人工肌理（图5-69）。

自然肌理，即指物体本身存在的肌理元素。首先是物的表面，它能具体地反映出物质间差异性。物质不同即外表不同，通常相同物质其自身也存在微妙的差异。

图5-68　瑞士罗曼斯霍恩中学，空间中使用墙纸作为视觉肌理

图5-69　瑞士罗曼斯霍恩中学，陶瓷面板和预制玻璃纤维混凝土构件细节

大自然赋予所有物体自身所呈现出的表面形态构成，即物质表层的光泽感及形态各异的纹理感都被称为物质的自然肌理（图5-70）。

随着人们对生态意识也逐渐增强，精神生活也更加多元化。文化空间的设计风格也提出原生态的设计思潮，因此无论是建筑还是室内空间，自然材料的创新运用就更加广泛。自然原生态的肌理材质被大面积地运用，物质的自然肌理形态也作为一种表现形式出现在室内设计中。常规自然材料与非常规自然材料呈现出的不同肌理表现形式拓展了物质材料现有的研究内容，对平面构成肌理的创新运用开启了新的研究领域。自然环境中呈现的原始自然形态被人为地有目的地转化为生活中常见的肌理材料样式，即形成自然材料（图5-71、图5-72）。

从古至今，人们对肌理的理解和使用随时代发展产生自然变化。从原始材料物质的粗略加工使用到后期精心打造；现代化的技术对原始材料物质、天然纹理的加工程度逐渐至精至细，物质肌理材料的处理也根据不同的需要利用科学技术工艺、结合现代艺术视角加以运用。人工肌理的存在也就是肌理构成元素的存在，二者是相辅相成。所有的人工肌理都是由人为主观性造成的，而存在人为处理的情况通常都与视觉审美性息息相关，一个画面或形态美的基础都离不开构成形态的基本原理（图5-73）。

人工肌理的形成不仅仅通过仪器拼合，同时也是设计者对设计物质表面纹理特征的感受。目前许多具有风格特点的人工肌理逐渐出现，人工肌理的技术形态不仅

图5-71 鹤川女子短期大学室内空间，充分发挥自然材料的特性

图5-70 隈研吾工作室所作，鹤川女子短期大学室内空间，木纹材质与纯白墙面形成对比，凸显其自身肌理

图5-72 鹤川女子短期大学室内空间，材料本身与构成方式都形成了一种肌理

图5-73 中国香港中文大学深圳校区室内空间，采用人工肌理平衡空间需求与自然肌理

仅从视觉呈现，也从触觉上带给人不一样的感觉。普通的自然肌理形态无法满足室内设计中所需装饰效果的多元化发展。将原生态物质材料与人工调制的涂料混合，经过人为处理，形成肌理漆。人工肌理漆的出现使设计过程中肌理元素的表现过程更加便捷，也使室内设计中肌理材质呈现的形态更加丰富。人工肌理的表现形式不仅仅在于对物体与人工材质的融合处理，也能够通过某些形式对物质表面进行肌理纹样进行艺术工艺处理，例如做旧、撕裂、磨砂等肌理表现效果（图5-74）。

人工肌理的出现，打破了单一肌理形式的使用，为设计师希望突破的个性化设计创新起到辅助设计的作用。

随着人们审美的提高，对单一存在的自然材质、形态组合进行改变的处理手法， 使物质本身摒弃原有单一的肌理元素，在设计中的表现灵活多变。从构成形式的角度分析，根据设计需要改进，运用现代科学技术与艺术结合的手段，以艺术制作工艺的手法达到的具有个性肌理纹理及色彩抽象美的新的肌理元素，称之为改进肌理，改进肌理主要分为雕刻、编织两种方式（图5-75、图5-76）。经过艺术处理后形成新的肌理表现形式，可以运用到文化空间中的设计中。

图5-74 日比野设计的KO幼儿园，人为地将自然肌理进行重组，呈现出新的人工肌理效果

图5-75 意大利威尼斯双年展呈现的编织肌理

单一物体材质的雕刻设计，在室内设计中，以一种辅助装饰的表现手法使用。针对设计风格，对物体进行整体或局部雕刻设计，使肌理材质产生空间层次、图形组合等视觉传达的效果。传统质朴的装饰纹样，运用于室内空间的墙面，在石材表面以浅浮雕的工艺手法进行规律性的排列分布，结合构成元素运用形成装饰性肌理构成符号，营造室内的整体氛围。雕刻的肌理表现方式则主要以凹凸和镂空为主。凹凸艺术肌理的处理方式，能够将材料肌理以高低、大小、疏密等形式拼凑出具有视觉、触觉效果的肌理表现形式。表现方式与雕刻手段产生联系，呈现深浅不一的凹槽，具有凹凸有致的艺术肌理效果。凹凸排列的运用方式，能够改变单一物体材质的表面肌理；相反，将单一物体材质经过凹凸排列处理后，所呈现的艺术效果较平铺直叙的表现方式，更具有设计肌理感。

镂空艺术肌理表现手法则是对某个物体肌理材质进行雕刻工艺处理，大多的镂空艺术是对明确的物体材质上雕刻出具有穿透性的图形或文字形态。镂空表现形式主要以正负形的错视感作为一个整体基础设计。既要考究正形的基本形态，也不能忽视负形的构成表现。既可以作为隔断分隔作用，同时也能够作为物质材料自身形态改变的一种肌理表现手法。

编织作为一种肌理构成语言的表现形式，以辅助性肌理材质呈现，或以整体的面组合编织后产生肌理形态，肌理材质语言及编织手法对室内展示设计中的运用装饰设计效果均有所不同。局部编织的表现形式作为装饰点缀。

图5-76 意大利威尼斯双年展编织肌理的空间效果

5.4.3 组合肌理设计

组合肌理是指不同材质通过组合拼接设计，创造出新的肌理构成表现形式；是多种肌理材质与构成形态的互相融合，主要分为绘写肌理与制作工艺肌理。

（1）绘写肌理表现形式

颜料绘制的艺术画面肌理形式不受构成条件约束，颜料的混合使用能够使空间肌理表现更加丰富。不同类别的颜料绘制形成独特性的艺术肌理元素。绘写肌理作为一种基本语言表现形式，恰当地运用能够使肌理造型效果更具魅力。颜料同色彩、线条一样具有造型和情感表达的功能，绘制出集视觉、触觉以及美学为一体的肌理构成感受；构成形式主要有重复、渐变、放射、对比等（图5-77、图5-78）。

（2）制作工艺肌理表现形式

主要以刮刻、拓印、拼贴等传统工艺形式，呈现于日常设计中。用尖利工具在某种经过上色处理后的物体表面进行刻、刮、铲而形成的特殊的肌理效果，是具

图5-77　杭州市胜利小学新城校区及附属幼儿园内部空间，用少量颜色进行空间上的肌理进行组合

有雕刻性的肌理表现形式。室内设计运用过程中，利用不同的制作工艺手段对材料自身肌理产生改变，形成具有凹凸构成形式感的线条、图形等装饰符号。刮刻肌理主要通过对物体表面肌理雕刻设计后产生大小、粗细、深浅各不相同的曲线凹槽，形成刮刻肌理的基本表现形态。除此以外，拓印肌理的表现手法则是以平面造型的 方式表现，在某个平面物体上雕琢出经过设计处理后的形象并找出凹凸的位置， 涂上油墨或颜料覆盖，摩擦按压至某处所形成印刷的肌理效果呈现（图5-79、图5-80）。

以上两类制作工艺，对制作者工艺的基础技术要求非常高，需要有熟练的技术功底。然而拼贴肌理则是相反，它的制作重心则在于手工艺者的审美方式和能力，用相同或不同的肌理材质在某个物体上拼贴组合所形成的肌理，会产生用一般画笔和颜料等物质难以获得的效果。随着科学技术的进步，拼贴肌理的表现形式逐渐地多样化。

图5-78　东京当代艺术馆内部空间，采用平滑与粗糙两种材质相互对比，从而使木材质所限定空间更具安全感

肌理的拼贴制作可以有据可循，能够规律性的呈现、也能够偶然性的发生,同时也能够以写实的方式进行意向性的表达。拼贴组合的表现手法就是有规律、秩序性或是看似不经意地组合排列，形成一种崭新的、具有表现性的肌理艺术形 式。

室内设计中，拼贴肌理的运用不是随意的堆砌，而是以设计师的角度将合适的肌理材质进行组合拼贴，产生具有设计感的室内效果。

图5-80　长沙梅溪湖国际文化艺术中心，顶面形成放射状的肌理

图5-79　长沙梅溪湖国际文化艺术中心观众厅内部空间，刻、刮、铲而形成的特殊的肌理效果

第 6 章 文化建筑空间的构成与限定

一个场地之所以形成空间，是因为有了区别于其他场地的限定要素，形成了相对区别于其他区域的单体空间，将这些单体空间进行联系便形成空间的组合。室内空间既可以是由具象的物理界面组合形成的，也可以是由非具象的认知层面的界面组合形成的。室内空间中“界”在围合时以“面”的形式存在，包含顶面、地面与墙面，面与面的组合方式多种多样，根据面的形态、方向、大小等因素千变万化，如何塑造一个体量合适的室内空间，需要结合人的心理认知和人体尺度对界面的组合方式进行研究。常用空间的组合形式有线式、放射式、组团式、网格式；常用的空间限定方式主要有围合、高差以及基面处理。

6.1 空间的属性

6.1.1 积极空间

所谓积极空间，是指空间满足人的意图，或者说可以满足人的计划的空间，一般包含很强的功能性，能够使人在空间中停留并完成其计划（图6–1）。积极空间具有一定的向心性，可以将使用者吸引至此，例如展示空间、观众席、教室，具有明确的功能导向（图6–2）。

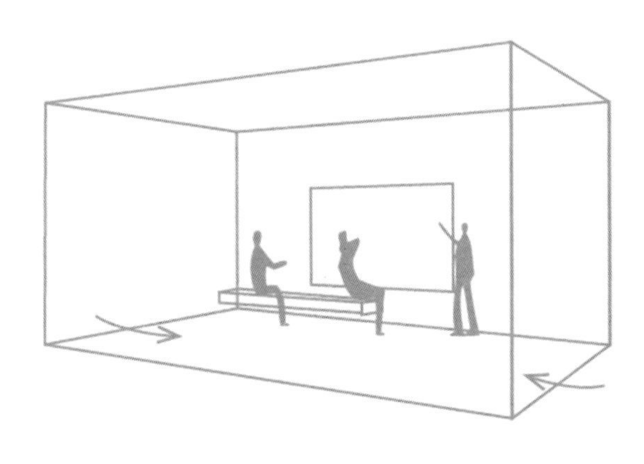

图6–1　塞浦路斯首都尼科西亚某私人美术馆展厅，展墙间形成了引人驻足的积极空间

图6–2　某美术馆展厅具有明确的观赏内容，使得人们被吸引停留于此

6.1.2 消极空间

消极空间是指自然发生的、无计划性的空间。一般无特殊的功能性，能够快速地驱散人行进，不使人停留，具有一定的扩散性（图6–3）。常见的消极空间如走道、集散大厅等（图6–4）。

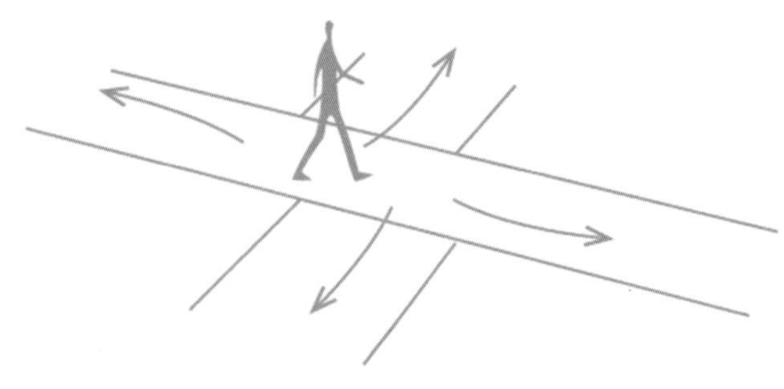

图6–3 交通空间是最常见的消极空间

图6–4 上海卜石艺术馆
消极空间具有驱散的作用，具有一定扩散性

6.1.3 空间的开放性与封闭性

空间的开放与封闭用来形容空间被围合的闭合程度。开放程度除了受封闭面积的影响外，还应考虑到封闭材质的通透性以及视线的阻挡程度，例如只有30cm高度的遮挡物也只能达到勉强区别领域的程度，几乎没有封闭性。再如60cm高度时，基本上与30cm高的情况相同，空间在视觉上有连续性，还没有达到封闭性的程度，刚好是依靠休息的大致尺寸；当达到120cm高度时，身体的大部分逐渐看不到了，产生一定私密性和安全感，与此同时，作为划分空间的隔断属性也加强起来，在视觉上仍有充分的连续性；达到150cm高度时，大部分人的身体被遮挡，产生了相当的封闭性（图6–5）。

开放与封闭的程度还与材质的通透性相关。若采用通透性较强的材质，同样可以提高空间开放的程度。如通透的玻璃面使视线畅通无阻、视野开阔，不会产生封闭之感。就像这样，随着隔断高度的增高，视线通透性连续地降低，封闭性随之提高，开放性随之减弱。

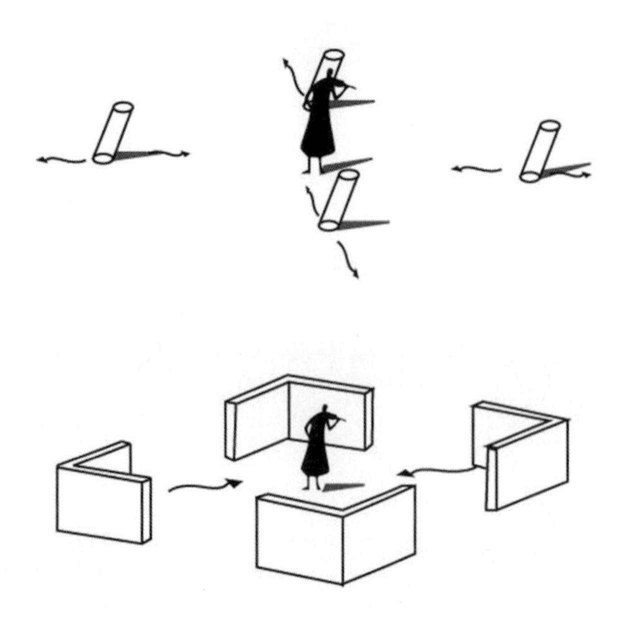

图6–5 空间的封闭性

图6-6　深圳龙华艺术馆，通过空间的渗透营造良好的文化氛围

6.1.4 空间渗透与层次

在文化建筑空间的设计中尤其是展示空间与学习空间，为了丰富空间层次，会经常注重空间的渗透。空间渗透是指在分隔空间时有意识地使被分隔的空间保持某种程度的连通，使处于该空间的人看到另外一些空间的景物，从而使空间彼此渗透、相互借用，这样就会大大增强空间的层次感。

学习空间经常需要引入室外景观来延伸学生的视线和良好的心理环境；展示空间也需要通过空间的层次强化展示氛围；观演空间则通过空间的层次明确视觉重点（图6-6）。

6.1.5 空间比例

空间比例是指空间各构件自身、各要素之间、要素与整体之间在量度上的关系。选择合适的比例应综合考虑到文化建筑空间的功能要求和人的精神感受。例如高耸的空间有向上的趋势，产生崇高和雄伟感；纵长而狭窄的空间有向前的动势，产生深远和前进感；宽敞而低矮的空间有水平延伸趋势，产生开阔通畅感（图6-7）。

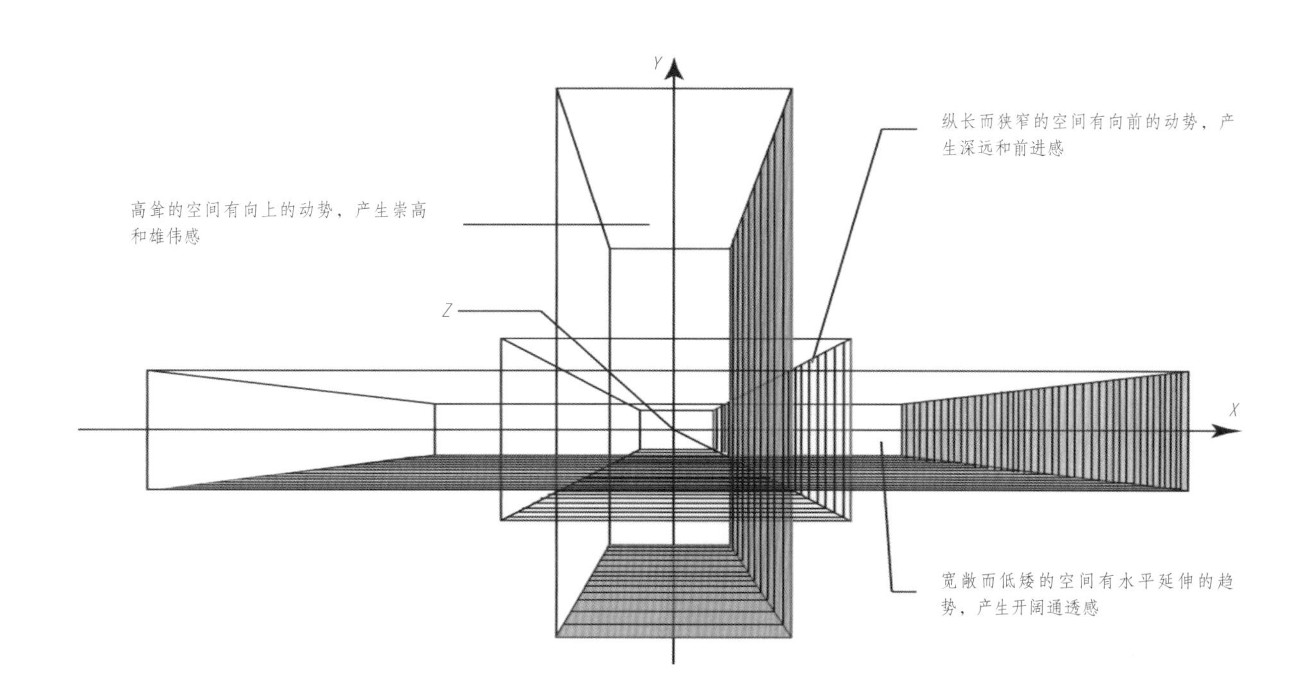

图6-7　空间比例的不同导致心理认知的不同

6.1.6 空间尺度

空间尺度是衡量空间及其构成要素大小的某种主观标准，它涉及空间形象给人的视觉感受（图6-8）。空间尺度在适宜人活动的范围内较为正常，空间尺度的依据就是人体尺度（图6-9）。空间尺度过于狭小，使人感到压抑；空间尺度过于夸张，则使人感到不亲切（图6-10）。

图6-8 加拿大卡尔加里新建中央图书馆，为了使空间尺度宜人，大空间往往需要分成若干小空间

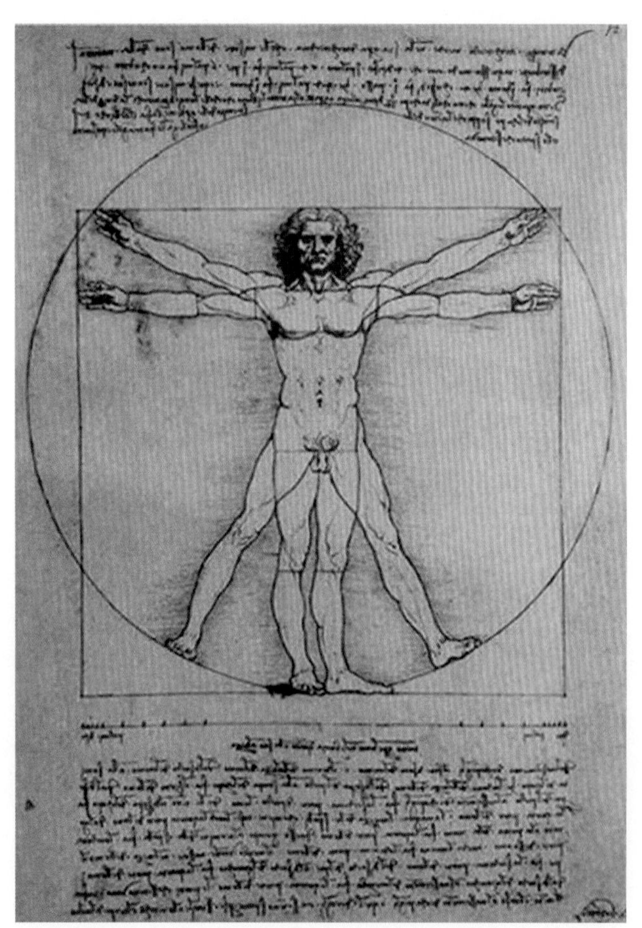

图6-9 人体尺度的示意——维特鲁威人

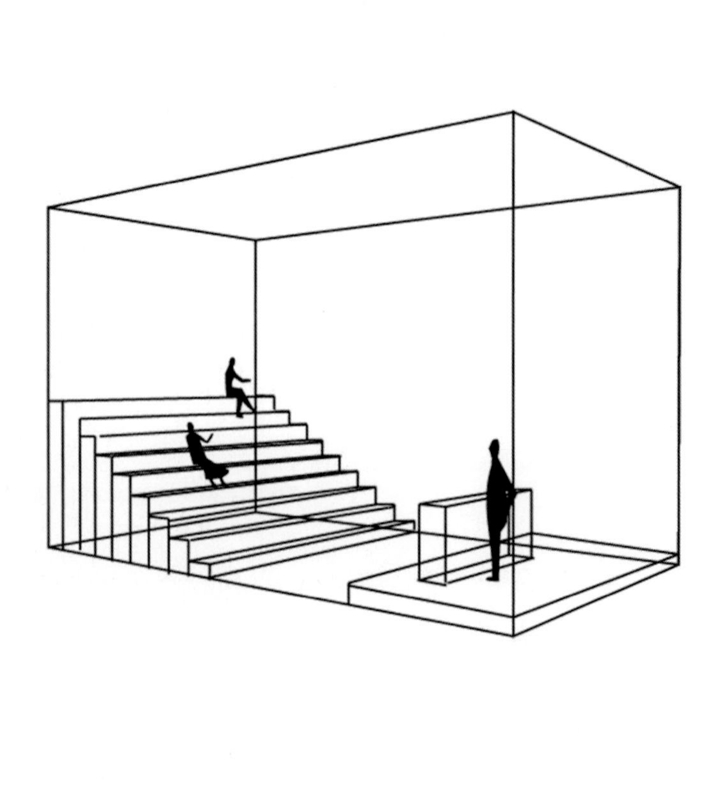

图6-10 空间尺度不同给人的视觉感受也不同

6.2 空间的组合形式

6.2.1 单元式组合

单元式组合是以楼梯这一竖向交通来连接各个空间，这种空间组合形式最大的特点是集中、紧凑，易于保持安静和互不干扰（图6–11和图6–12）。

6.2.2 线式组合

线式的空间组合包含着一个空间系列，其形式有着明确的线性方向，使用者按照设定的流线行进，因此这样的空间组合方式有利于流线的组织，同时流线的选择较少（图6–13）。这种组合形式可以在线式序列的终点以及转折点上强调空间（图6–14）。

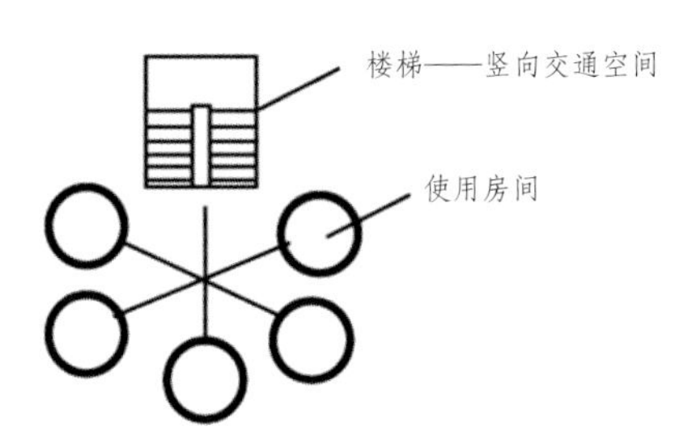

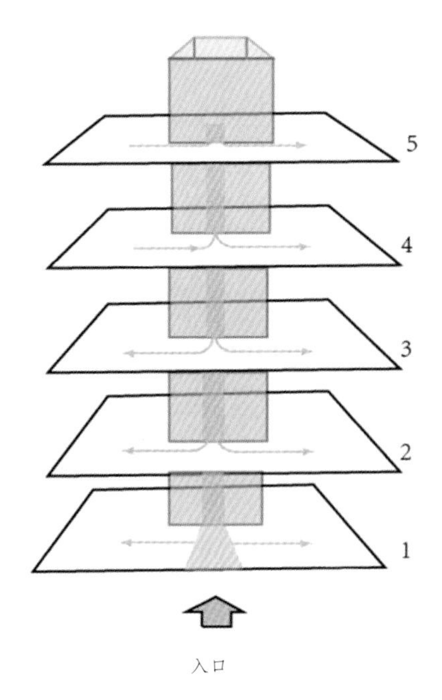

图6–11　单元式空间组合示意

图6–12　某空间中以单元式空间组合纵向交通为核心

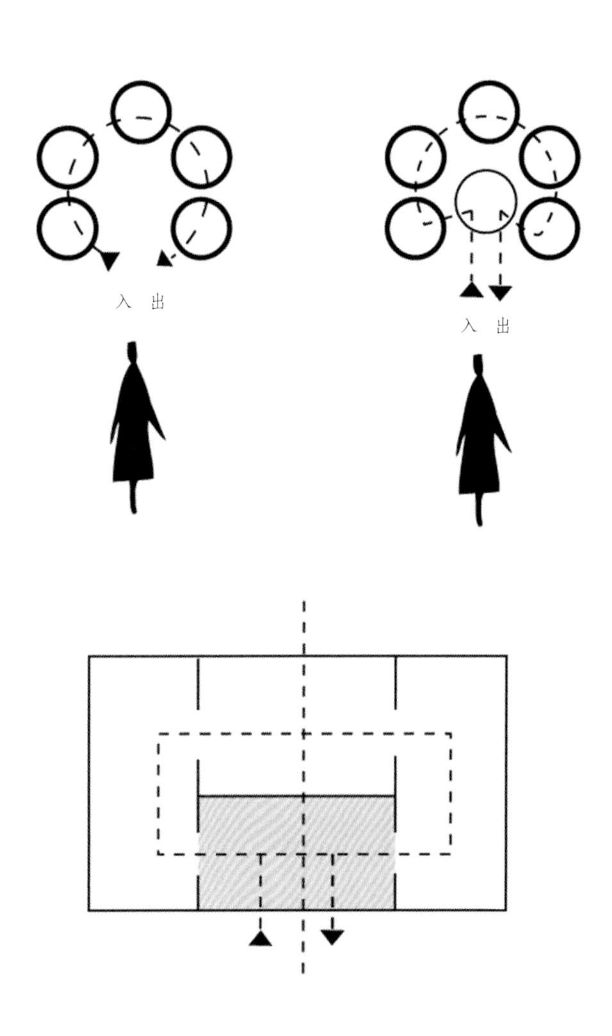

图6–13　线式空间组合示意

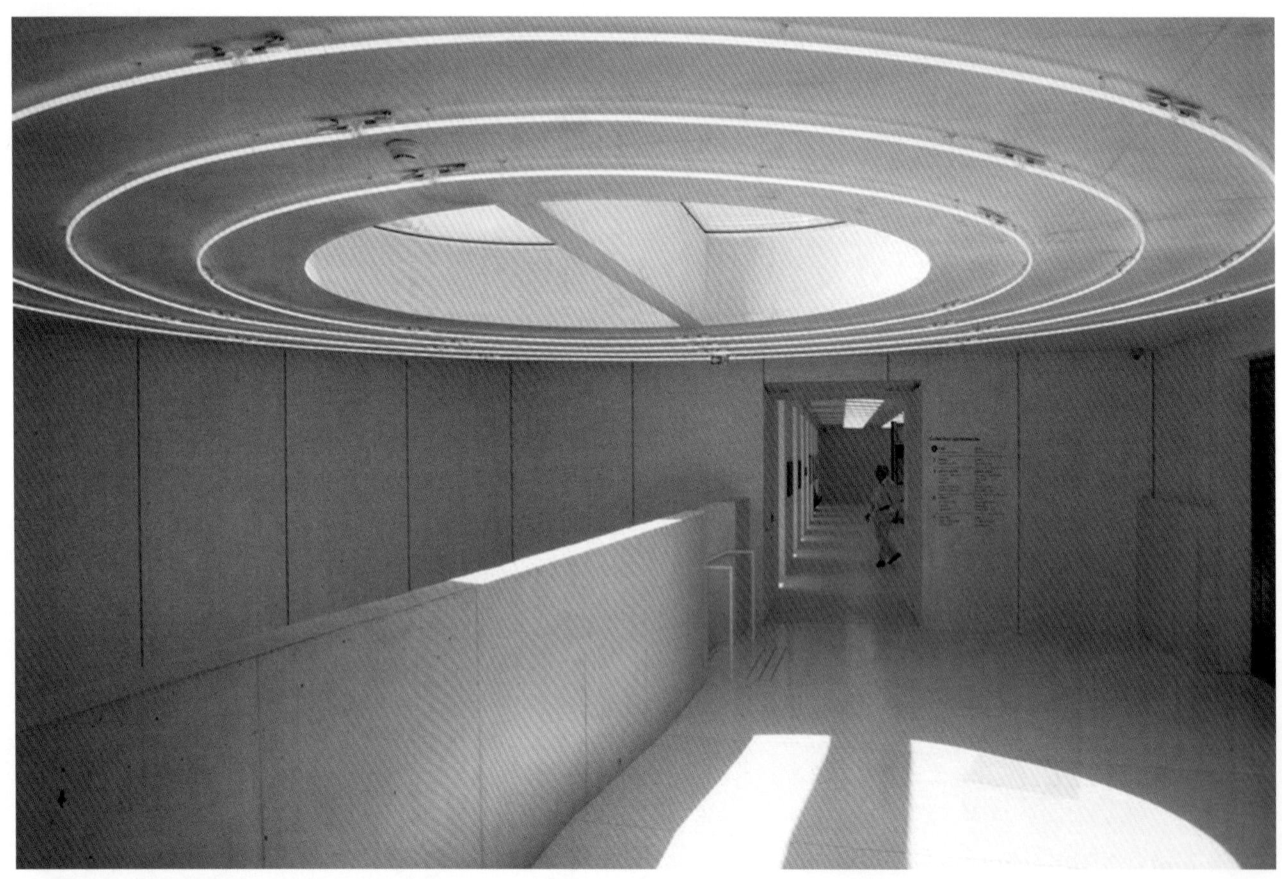

图6-14　阿维尼翁兰伯特收藏艺术博物馆，线式空间中的转折、强调的空间

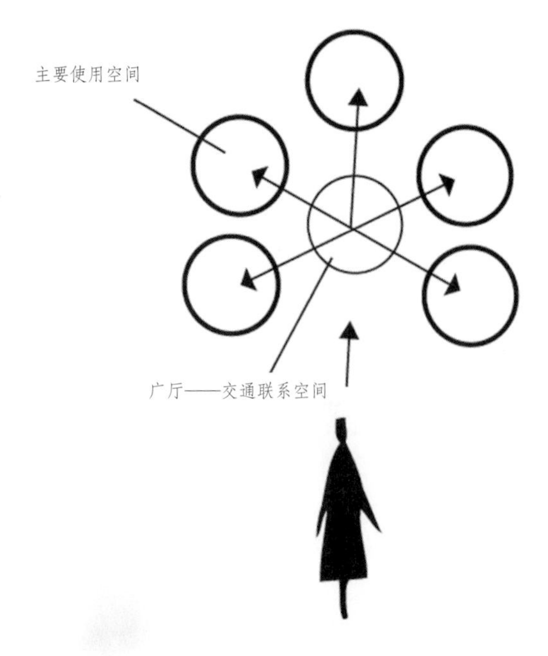

图6-15　放射式空间组合示意

6.2.3 放射式组合

由一个中心空间向不同方向扩展的组合形式即为放射式组合（图6-15）。放射式组合的空间通常由中心空间以及线式臂膀组成（图6-16）。这种空间组合形式的主要空间与从属空间主次分明，具有很好的向心性，方便强调主要空间，多用于观演类、展示类文化空间的组合形式。

图6-16　日本广岛某美术馆空间，采用处于放射式空间组合中心的大空间

6.2.4 组团式组合

组团式空间通过紧密连接来使各个空间之间相互联系，这些空间具有类似的或是并列的功能，并且在形状和朝向方面具有共同的视觉特征（图6-17）。其最大特征是空间之间紧密联系，既可以用轴线或非对称的方式来组织空间团体，也可做到主次分明，避免重复，例如秦皇岛沙丘艺术空间设计（图6-18和图6-19）。

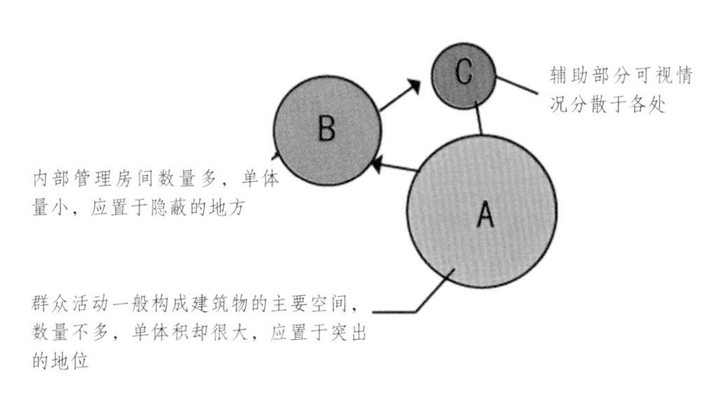

图6-17　组团式空间组合示意

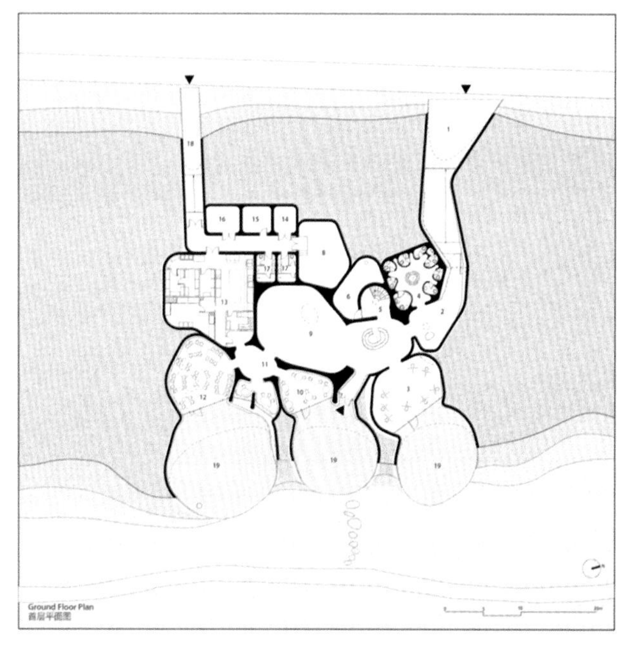

图6-18　秦皇岛沙丘艺术空间平面图

图6-19　秦皇岛沙丘艺术空间效果

6.2.5 网格式组合

由多条轴线组成的网络组织的空间布局即为网格式组合（图6-20）。这种空间组合的组合力来自图形的规整性和连续性，渗透于各个组合要素中（图6-21）。运用此种组合形式应注意空间的变化与相似关系，做到重复中有变化，变化间又能归为统一（图6-22）。

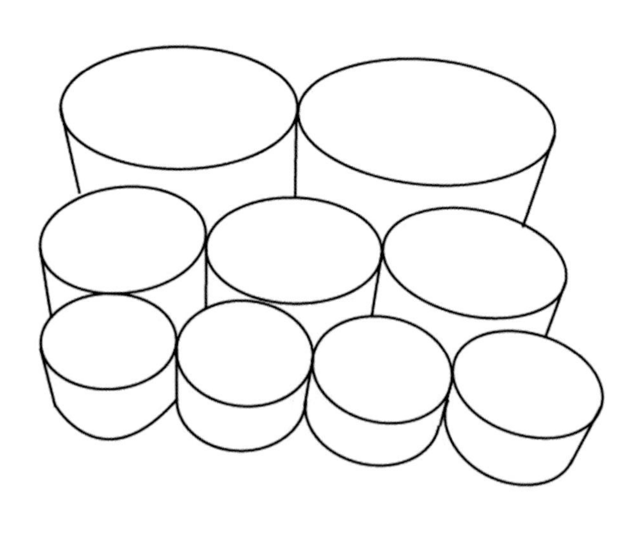

图6-20 网格式空间组合示意

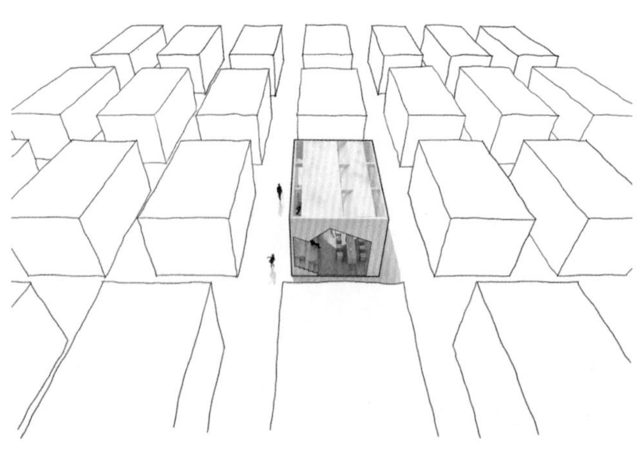

图6-21 网格式展示空间

图6-22 某网格式空间效果

6.3 空间的限定方式

6.3.1 围合

空间限定的最简单、最直接的方式是围合，例如最常见的墙体围出的房间，就是由四面墙体以及上下两个顶面围合的。但是围合的方式不仅仅是靠墙体，从视线和流线的角度区分，可以分为流线性限定和视线性限定。

（1）流线性限定

流线性限定是用实体性的材料将空间围合进而限定行为空间的围合方式（图6-23）。常见的墙体围合就是流线性限定的方式，而且墙体的数量与相对位置也会产生不同的空间效果。当空间中只用一面墙体进行限定时，会阻碍人的原有行进方向，进而向两侧方向进行疏导，形成空间上的停顿和分流，同时这片墙体就具备了一定的可依靠性，可以容留人进行停留交谈，空间因为一堵墙而出现了划分。两面对向的墙体布局限定出的空间，会使得空间有着明确的方向性，因此这种空间的限定方式常被作为走道交通空间、消极空间，趋向指定方向流动。当空间是用两面墙体呈L形限定时，这种空间就出现了一个角落，并且有两个方向的开口，因此这种空间限定方式一方面有利于休憩的场所，另一方面也有较高的视野。当空间由三面墙体呈U形限定时，它的私密感增强，同时开口向一个指定方向，相对比较安静、隐匿，因此这种空间限定方式较适合休息、阅读学习、交流商讨行为。当空间中四个方向均有墙体限定且彼此不接触时，则这种空间的限定兼具封闭与开放属性，比较隐匿，同时又便于流动，适宜短暂停留，因此常见于展示空间。当空间由四面且彼此接触的墙体限定时，具有较高的封闭性，适用于私密等级较高的空间中（图6-24）。

图6-23　墙体是最简单的流线性限定方式

（a）围合

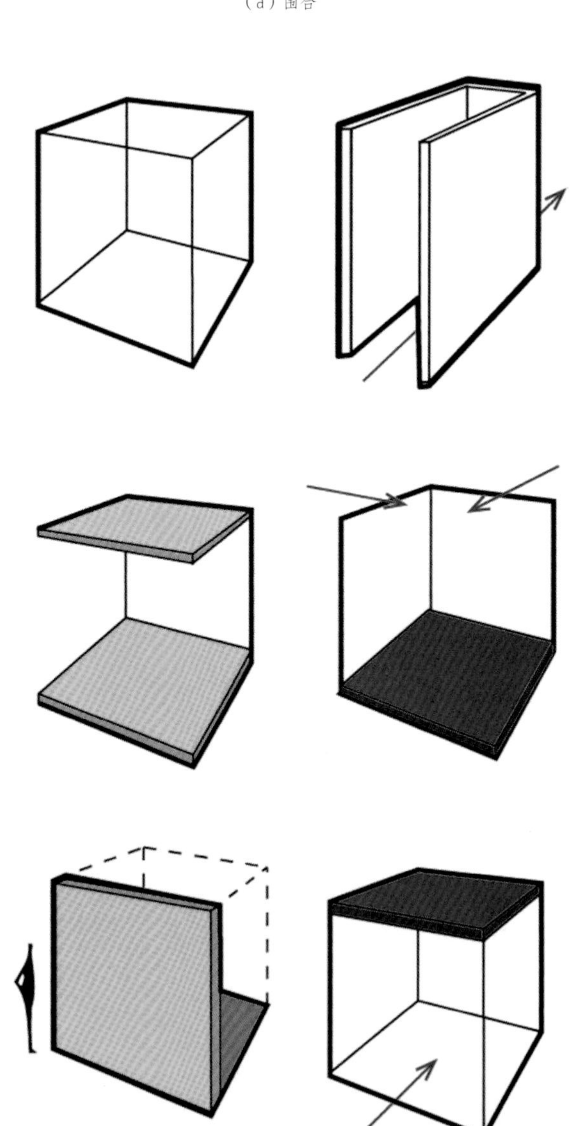

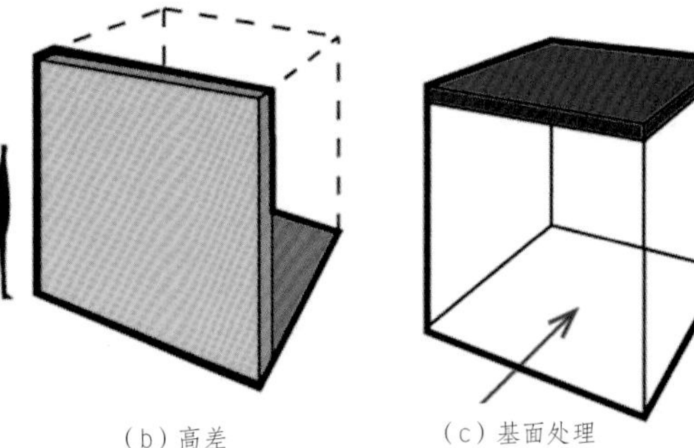

（b）高差　（c）基面处理

图6-24　流线性限定的几种方式

（2）视线性限定

视线性限定与流线性限定不同，是运用视觉围合效果划分出区别于其他空间的一种限定方式。视线性限定方式的围合不一定会限制流线，且具有一定的视线通透性，使得使用者走不过但是可以望得到，具有此种效果的限定构件主要有柱列、格栅等。这种限定方式使得后面的空间景致能够渗透过来，丰富了空间层次（图6-25）。

图6-25　江西景浮官瓷版艺术馆，室内二楼进深很长的空间被视觉方式限定成几个小空间，丰富了空间层次

6.3.2 高差

一间教室，因凸起的讲台而明确教师的活动空间，这就是因为高差产生的空间限定。高差一方面限定了空间；另一方面也丰富了室内空间的步行体验，在高低起伏中体会空间。形成高差的限定方式主要有凸起、凹下和架起。

局部降低或提高某一部分地面，可以改变人们的空间感。空间设计中常用这种手法来强调或突出某一部分空间，或利用地面高差来划分空间，以适应不同功能需要或丰富空间变化。

凸起是一种伴有强调作用的空间限定方式，能够集中一处空间场所的视觉焦点，舞台、讲台、展台的设计都运用这种限定方式（图6-26）。

凹下则与凸起相反，是伴有一定隐匿作用的空间限定方式，可以达到相对私密的效果，休息场所的设计常采用这种下沉式的空间限定方式（图6-27）。

图6-26　由凸起方式限定并强调出的展台，明确了空间中的主要内容

图6-27　某阅读空间，凹下限定的空间给人一种隐匿的安全感

图6-28　某空间利用地面材质的明显变化突出交通走道空间

6.3.3 基面处理

基面处理限定空间是通过顶面或者地面材质肌理的变化，区别于其他基面，从而限定出空间的一种限定方式。基面处理是空间限定手法中最易于操作的一种手法（图6-28）。

在同一种地面材质中，有一处的材质突然发生了变化，我们从心理认知上就意识到此处似乎具有一定特殊性，从而限定出此处的空间，同时也丰富了地面的材质变化。

顶面覆盖或者是顶面材质、造型的变化也会限定出下方的空间，界定出一方场所（图6-29）。这种限定方式也丰富了顶面的造型和材质，也是对于视线引导很有帮助的一种方式，因为当人进入一处空间时，地面材质可能会被落在地面的家具、构件等物体遮挡而变得隐约、模糊，但是对上方吊顶少有干扰，且以人的视角来看是尽收眼底的，何处进行了空间限定一目了然，对于接下来的行走流线具有直接的引导作用，所以当地面家具物件复杂时，重点利用顶部材质和造型的变化是十分取巧的一种限定空间以及引导流线的方式。

图6-29　某空间利用顶面材质的明显变化突出交通走道空间

6.3.4 覆盖

覆盖是具体而实用的限定形式，通过在空间上方支起一个顶盖或框架使下部空间具有明显的使用价值（图6-30）。覆盖在操作中应着重于塑造空间的形状、大小和氛围（图6-31和图6-32）。

图6-30 深圳龙华图书馆，白色框架内限定出一处独特的空间

图6-31 上海儿童玻璃博物馆，限定出的小空间同周围环境相呼应

图6-32 某博物馆展馆内覆盖空间重塑整体大空间

6.3.5 架起

架起是指在一处空间上方进行悬挑，这种限定方式同时限定出了两个空间，一个是悬挑平台处的空间，另一处是悬挑平台处下方的空间。悬挑平台的出现既强调上面空间，又强调下部分空间。此种限定方式常用在室内各个出入口处（图6-33）。

架起是把被限定的空间凸起于周围空间，所不同的是架起空间的下部包含从属的副空间。相对于下部的副空间，被架起的操作中，实体形态显得较为积极，而空间形态往往是其他部位空间的从属部分。

图6-33　某空间中利用蓝色玻璃桥所架起的空间同时限定了上下两个空间

6.3.6 多层次限定

空间的限定手法可以同时设计于一处空间中，对一处空间进行多层次的限定，这样每一个空间都是从上一个层次的空间中被限定出来的，经过多次反复而形成的一组空间，这种形态操作造成空间之间的层次关系不同，视为一种强调空间的手段（图6–34）。有的空间的集中限定手法只限定了一次空间，而有的空间则可以用不同限定手法限定了多个层次的空间，使空间层次丰富（图6–35）。

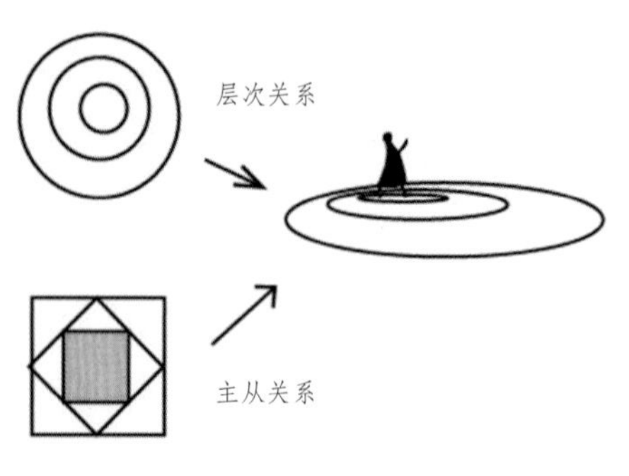

图6–34　多层次限定一个空间

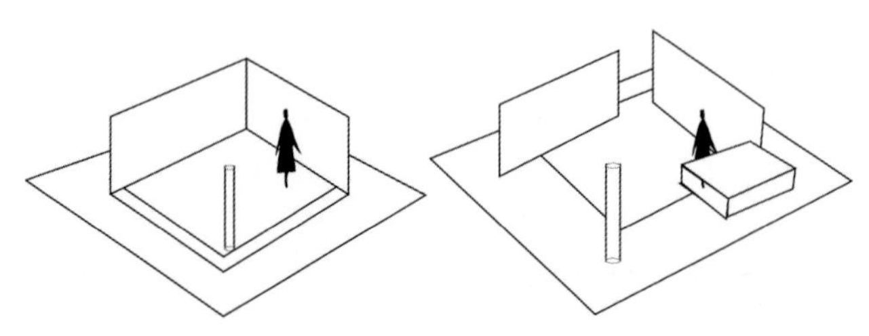

（a）界面肌理变化、凸起、围合、凹下四种限定手法只限定了一次空间　（b）同样四种限定手法却限定了三个层次的空间

图6–35　多层次限定多个空间

6.4 空间的构成关系

（1）连接

两个相互分离的空间由一个过渡空间相连接，过渡空间的特征对于空间的构成关系有决定性的作用。空间还可以为被连接空间做对比处理，通过调整过渡空间的大小、高低、形态来衬托主要空间（图6–36）。

（2）联合

两个空间的联合指两个空间相互接触并交融，并且创造出了共享的空间，这种共有关系十分明确，形态的重叠造成空间的前后关系，产生这种前后次序的前提是一个空间占据主导的趋势，形成方向和次序（图6–37）。

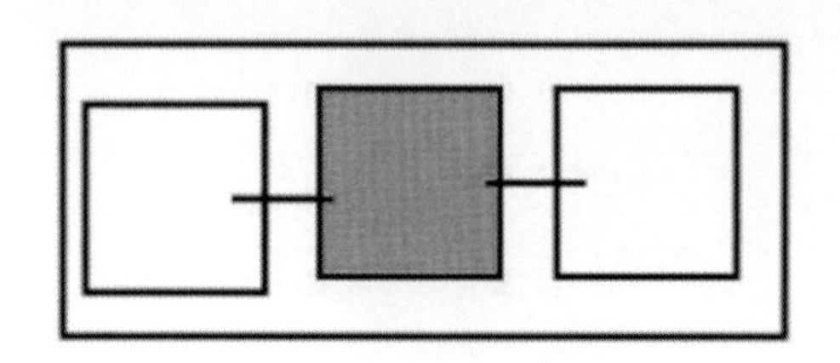

（a）过渡空间与它所联系的空间在形式、尺寸上完全相同，构成重复的空间系列

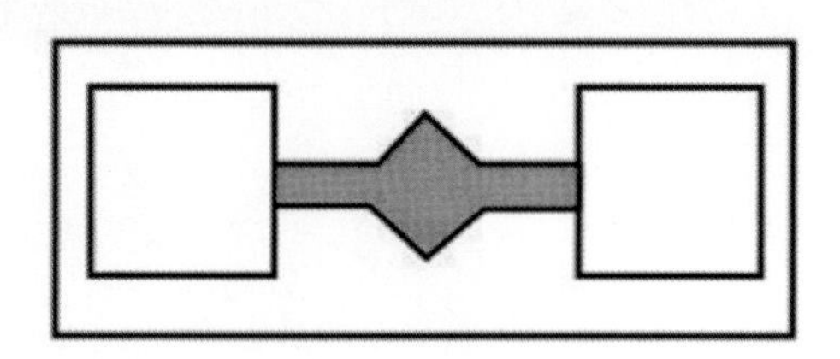

（b）过渡空间与它所联系的空间在形式和尺寸上不同，强调其自身的联系作用

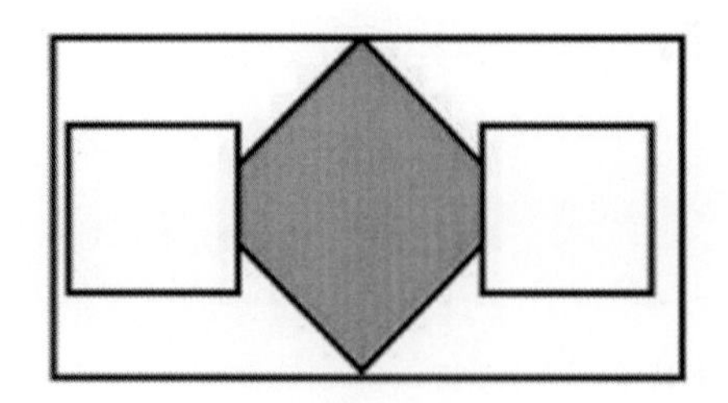

（c）过渡空间大于它所联系的空间而将它们组织在周围，成为整体的主导空间

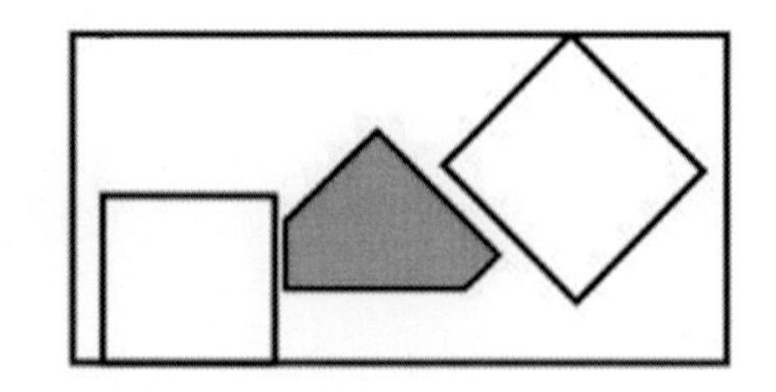

（d）过渡空间的形式与方位完全根据其所联系的空间特征而定

图6–36　空间的连接

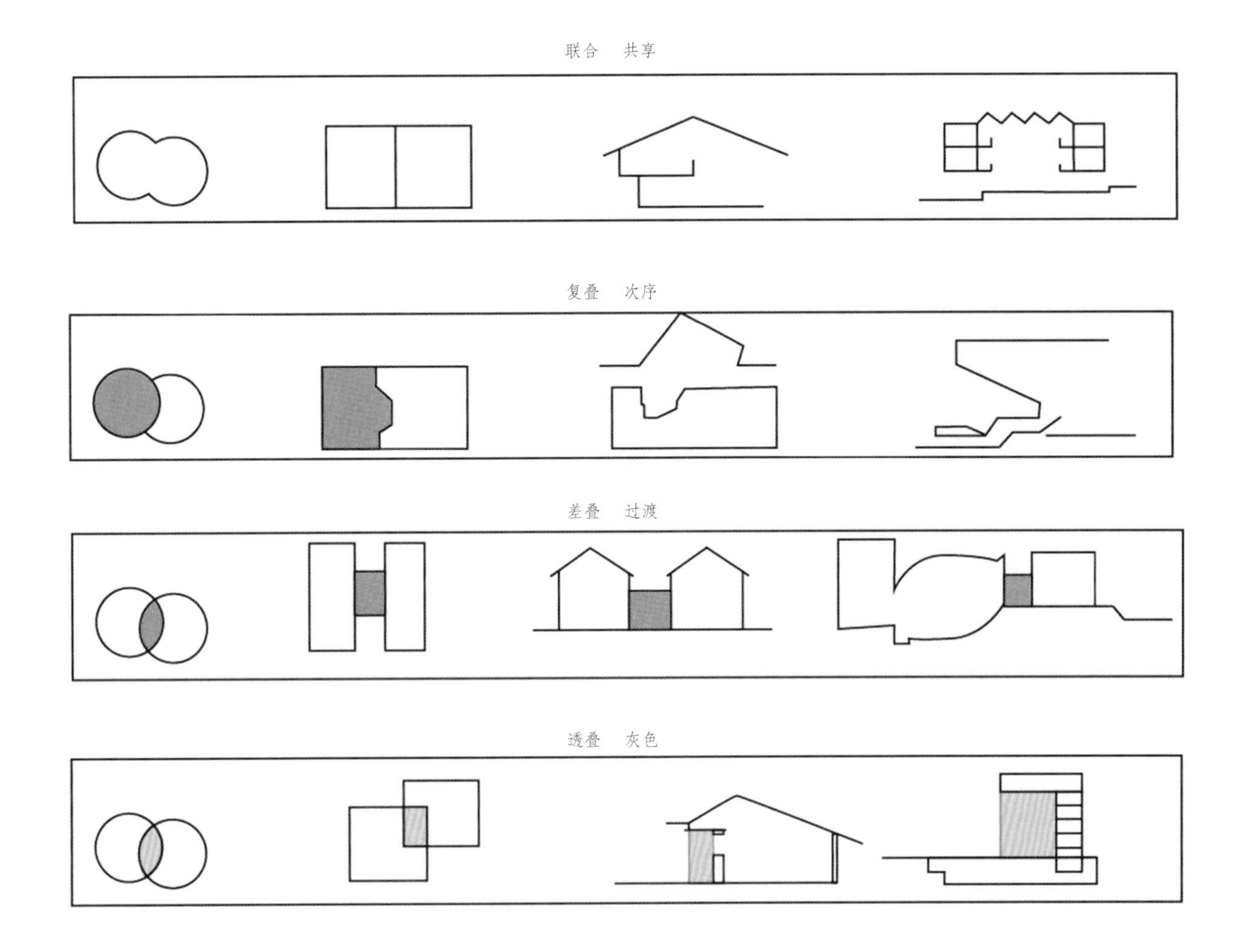

图6-37　空间的联合

（3）接触

接触是指两个空间不重叠，但表面或边线相互接触构成整体空间。两个空间接触的特点取决于分割要素的特点，例如靠实体墙分割，使得各空间独立性比较强；分隔要素不接触空间边界，可以使两个空间隔而不断；用线状的柱列分隔空间有很强的视觉和空间上的连续性，并且其通透的程度与柱子的数量有关；以地面高差、墙面不同处理形成的两个空间接触面可以形成既有区别又有联系的连续空间（图6–38）。

（4）包含

包含是指大空间中包含着小空间，两个空间可以产生视觉上与空间上的连续性（图6–39）。

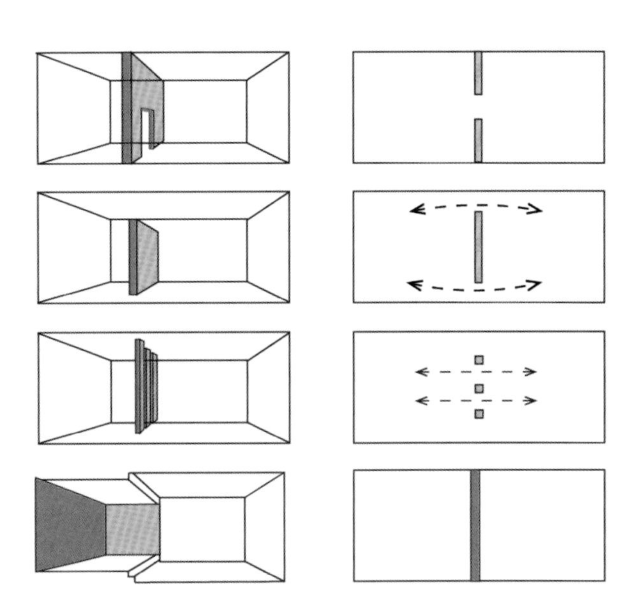

图6–38　空间的接触

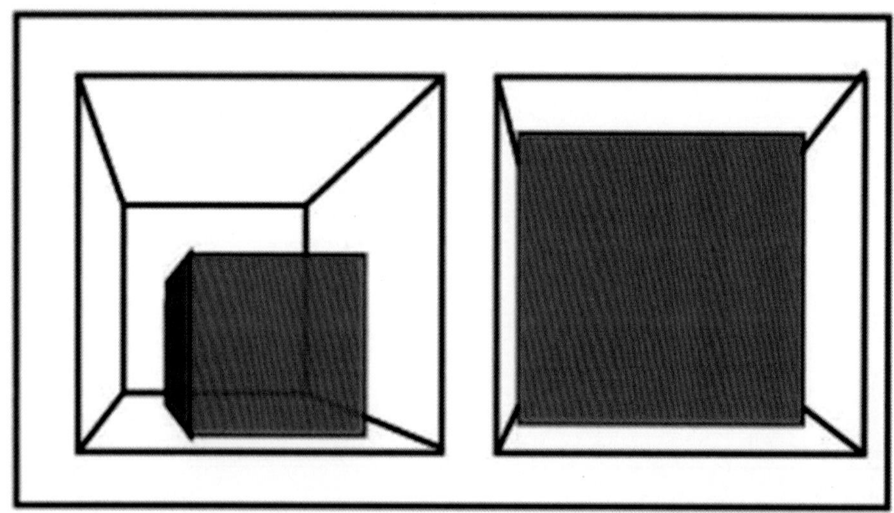

(a)两空间的尺寸应有明显差别

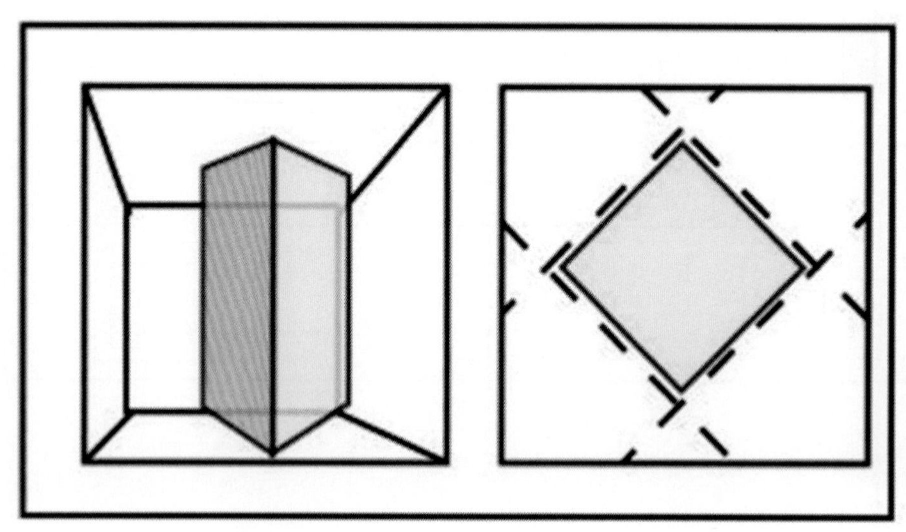

(b)大小空间的形状相同而方位不同

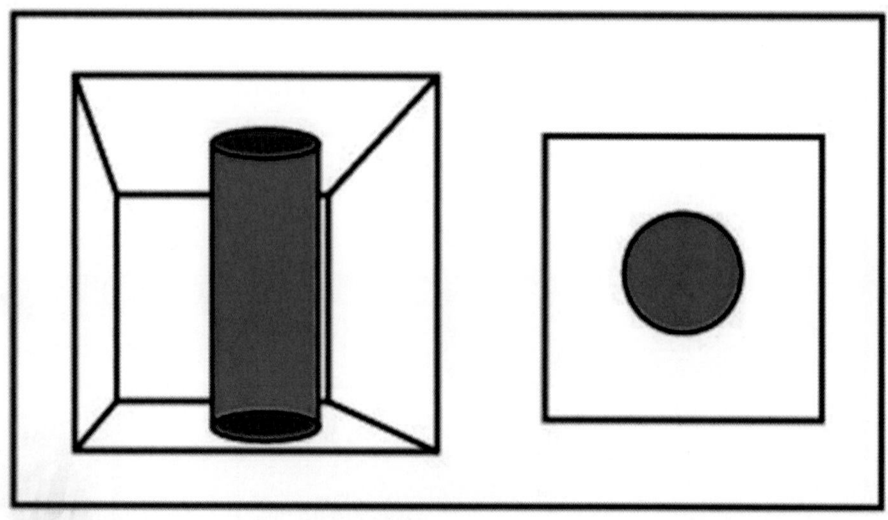

(c)大小空间不同形体的对比

图6-39 空间的包含

第 7 章　文化建筑空间的分析与表现

文化建筑空间设计的方案一方面需要饱含文化性，另一方面需要以恰当的方式表达空间设计的理念、思路过程以及空间效果。一个好的设计离不开优秀的方案表现，方案表现也离不开设计分析与设计效果的表现。文化建筑空间的分析表现与效果呈现主要包括设计分析图与效果图两大类图纸。图面条理清晰、逻辑有序的设计分析图可以很好地使对方迅速理解方案设计的一些思路与设计处理方法；美观的效果图可以迅速提升观者对方案的好感与期待。因此，文化建筑空间方案设计的分析与表现像语言一样，向观者叙述设计师如何展开设计，又是如何呈现的。

7.1 设计分析图

设计分析图需要设计师用一种象征和抽象的图解语言形式来概括表达具体的或抽象的图纸内容。

过程分析图是设计师用来表达设计发展过程的图纸。它记录了设计的出发点以及思路，作为一种过程分析的视觉记录，是设计师思维活动过程的体现。过程分析图往往起始于设计师的手绘草图，不需要具有很好的视觉效果，但要能记录下关键性的设计想法与形象特征。

7.1.1 手绘草图

手绘草图往往出现在方案的概念介绍阶段，用来记录、表达设计方案的思路、起点以及过程。设计类手绘图主要是前期构思设计方案的研究型手绘图和设计成果部分的表现型手绘图，前期部分被称为手绘草图。

“图画是设计师的语言”。设计师需要具备手绘能力来表达设计思想，手绘出的线条应具备设计意义（图7-1）。

图7-1　荷兰鹿特丹Fenix移民博物馆设计理念草图与实景比照，方案初期记录下流畅的动线

图7-2　中国香港九龙文化区设计舞蹈及戏剧艺术剧场初期手绘草图

手绘草图在方案初期凭借短时记忆的快速表达，可以将灵感出现时的设计元素得以保留下来，例如中国香港九龙文化区戏剧艺术剧场的设计初期草图中对于圆滑转折直线条的设计意图一直保留到方案后期，成为方案中富于特色的设计手法（图7-2）；广东珠海保利和乐国际艺术中心的初期草图则在平面上记录圆形曲线的相互构成，以此组成方案的平面布局，成为平面的重要构成手法（图7-3）。很多设计方案初期的草图与最终方案的呈现具有较高的一致性（图7-4~图7-6），得益于设计师对方案亮点的把控与空间想象的丰富，在方案之初做到胸有成竹。

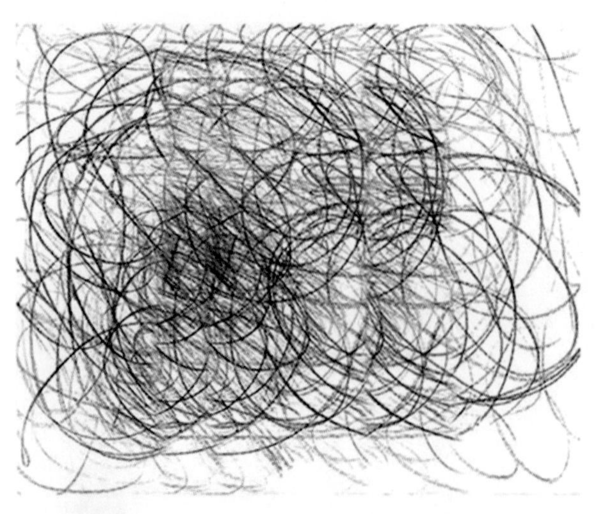

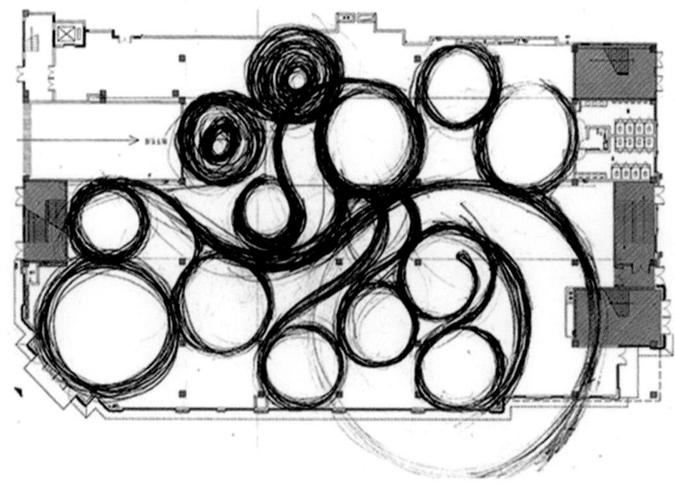

图7-3　广东珠海保利和乐国际艺术中心初期概念草图与平面方案应用

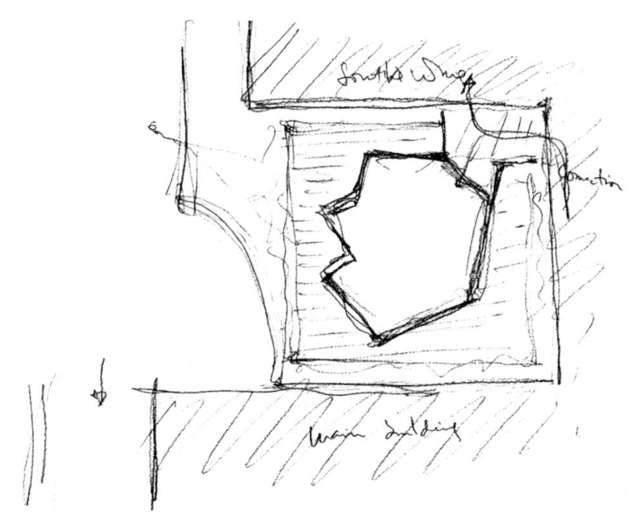

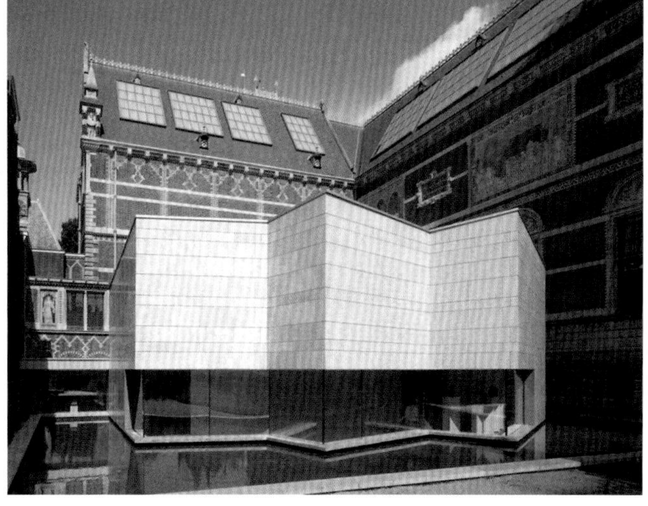

图7-4　荷兰国家博物馆亚洲展馆方案初期草图与实际建成

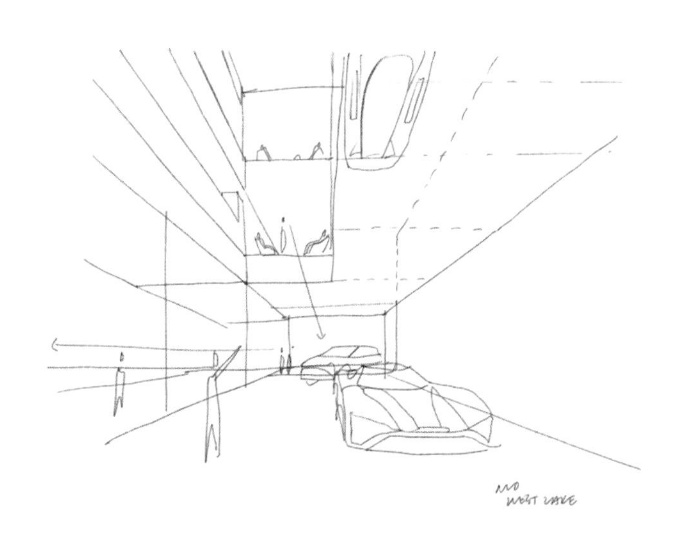

图7-5　杭州NIO蔚来汽车旗舰展厅空间草图与实际效果

图7-6　荷兰阿姆斯特丹国立博物馆临时展览附楼

手绘草图作为记录设计初衷的手法，其记录的题材因设计师设计习惯而异，剖面草图、平面草图、场景草图等都可以是接下来文化空间方案设计的参考，空间想象力相对丰富的设计师可以采用场景化设计的思维方式，通过对空间的想象，借助手绘的方式展现出来（图7-7~图7-9）。

图7-7　西班牙塞维利亚一所修道院中艺术展示空间的场景方案草图，对于空间中的材质肌理、疏密对比等效果都做了安排

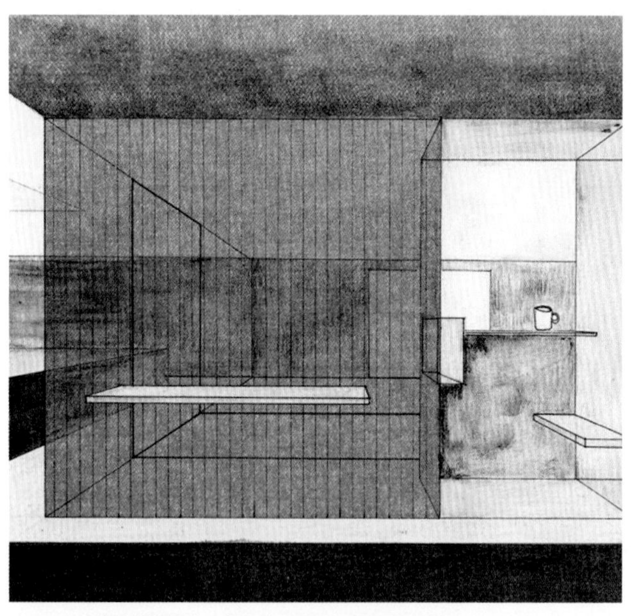

图7-8　北京某书店的办公室和艺文展示场所空间场景方案带有水彩的草图

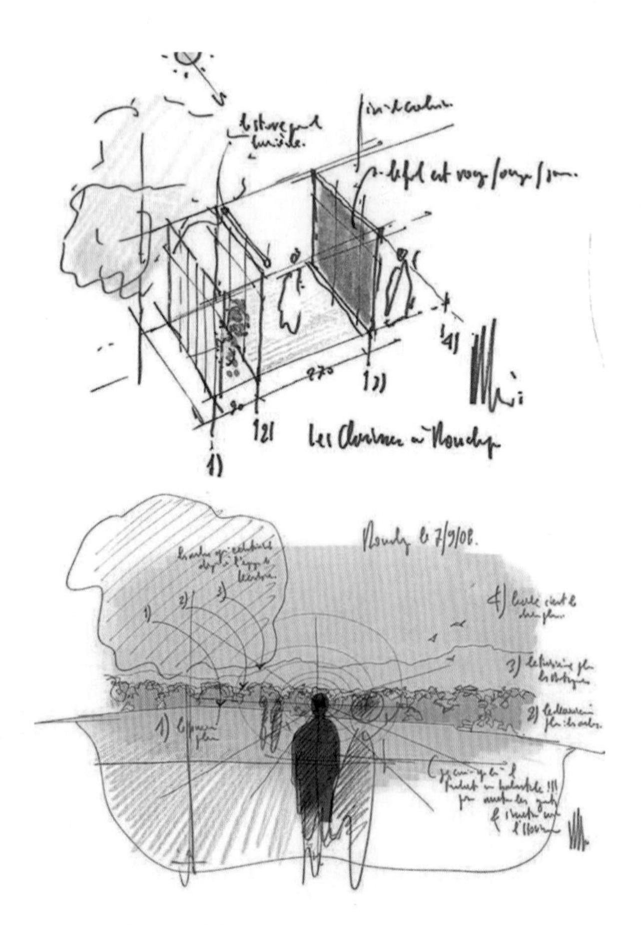

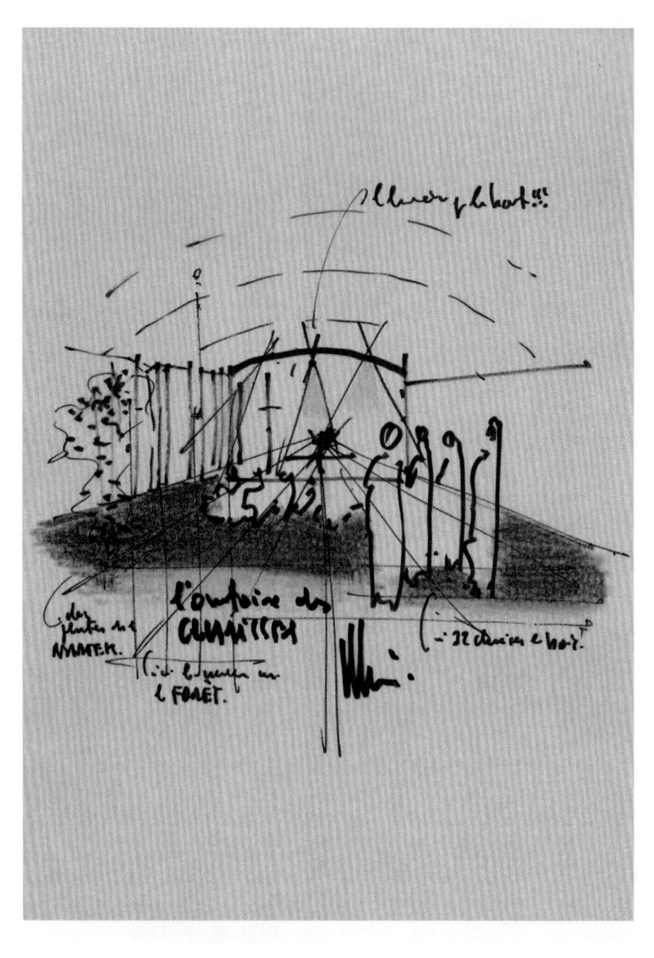

图7-9　建筑大师伦佐·皮亚诺的手绘草图，其中饱含对空间、环境因素的设计思考

7.1.2 分步骤演示

有时在介绍方案的时候需要将方案的演化过程加以说明，以展现方案的最佳发展方向，这就需要将方案进行概括后分几个步骤加以表达（图7-10和图7-11）。

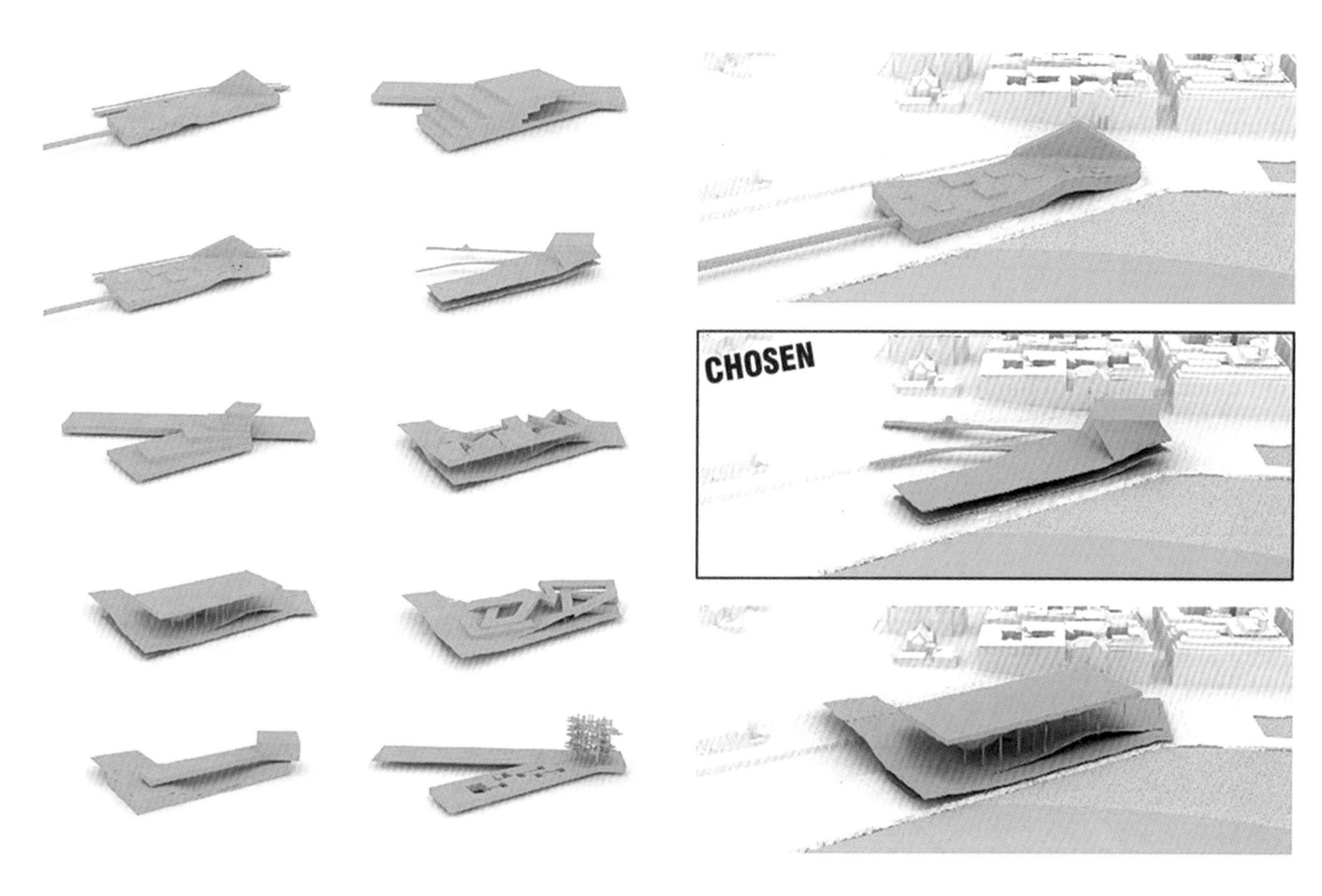

图7-10　古根海姆赫尔辛基博物馆设计竞赛方案，用分步骤演示的形式阐述最终方案的选择过程

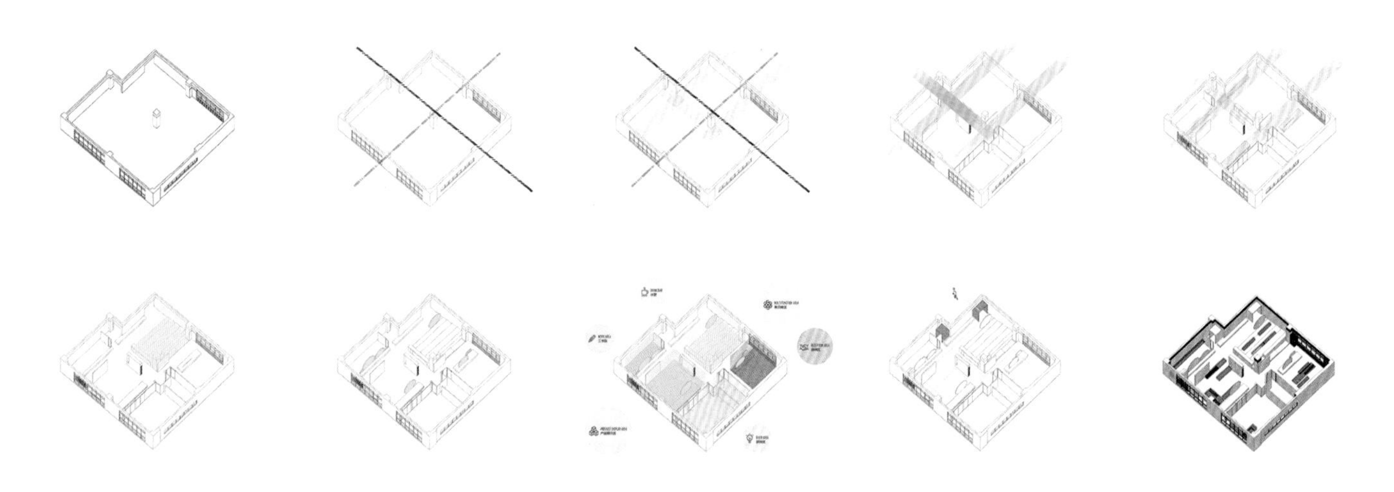

图7-11　广东某古陶瓷展示体验馆内部空间规划设计方案分步骤演示

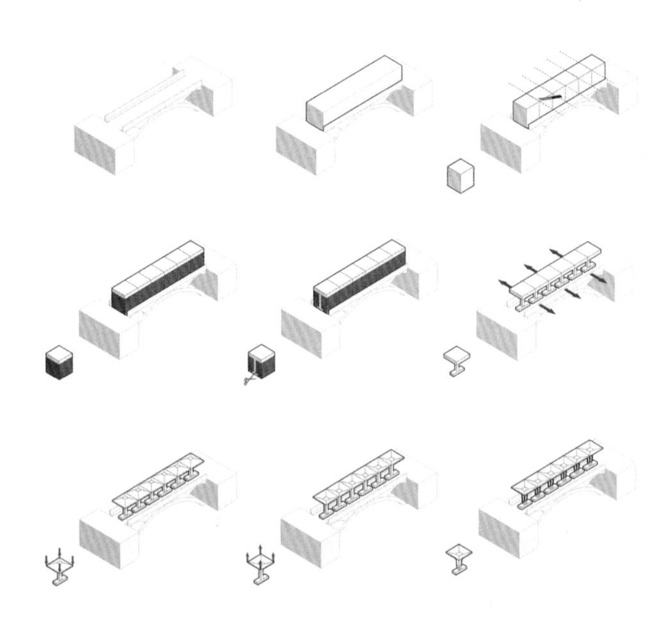

图7-12　通过相同视角由简到繁的逐步变化来说明方案的生成过程

如图7-12所示，制作过程一般是选择一个固定视角进行演示，需要在模型中进行定位相机的设置，然后分步骤地将模型导成二维软件可编辑的格式，如jpg、dwg、pdf等，最后对各图面进行调整编辑。

分步骤演示可以将方案逐步分解阐述设计思路，一般采用逐步丰富的过程图进行演示，说明空间形态的进展和变化（图7-13和图7-14）。

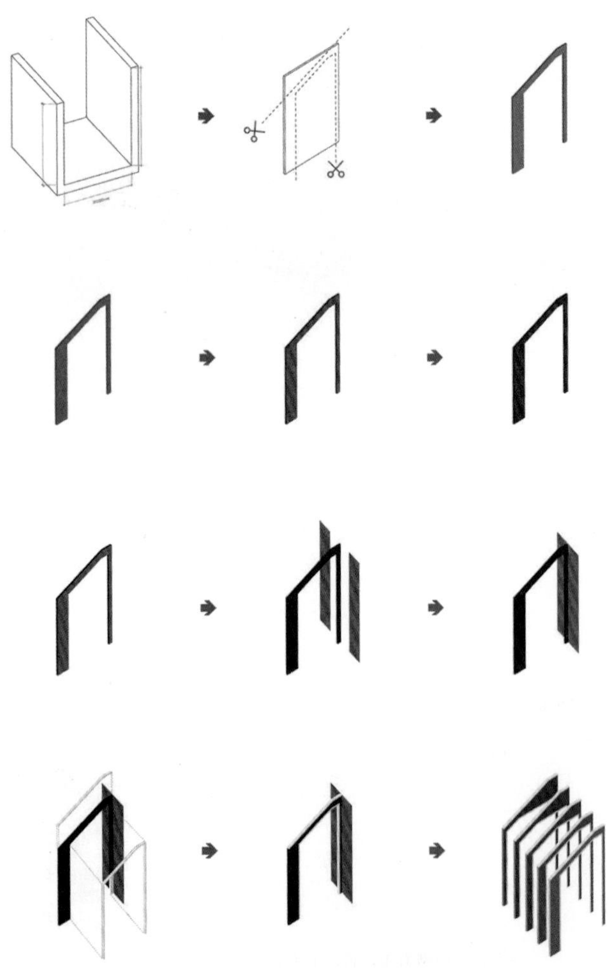

图7-13　上海社区美术馆·愚园方案彩色阳光板搭建步骤

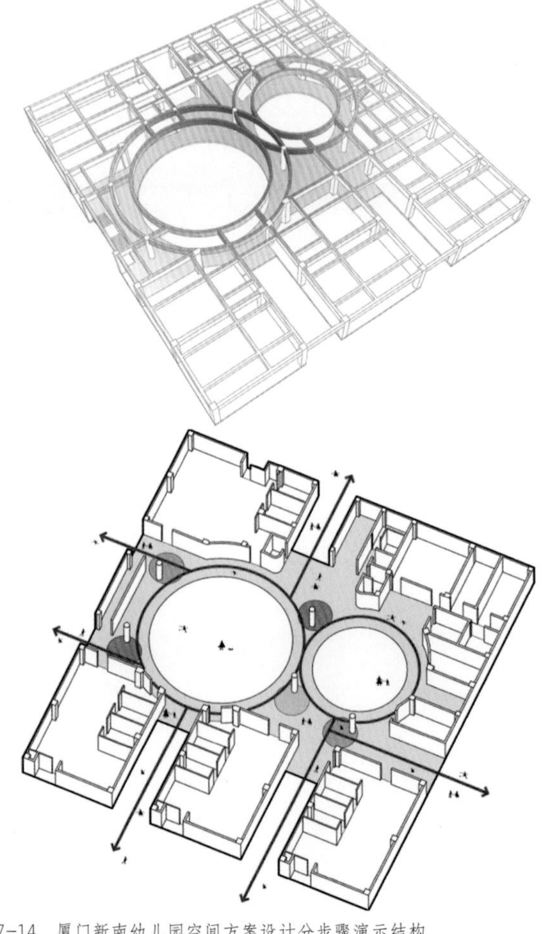

图7-14　厦门新南幼儿园空间方案设计分步骤演示结构框架与流线组织

7.2 成果性分析图

成果性分析图是指在设计方案已经完成的情况下，为了说明某一部分设计内容而单独表达这部分设计的分析图纸。区别于工程图纸信息量庞大且混合的特点，成果性分析图能够较为直观、清晰地表达出设计内容与设计亮点等，是说明方案、突出特色的重要图纸部分。

一般成果性分析图可以从观测角度上切入表达，如剖面、轴测、平面、透视、场景、图表。具体采用何种观测角度进行表达，则需要结合方案进行设计，既要清晰表达出应有的设计信息，又要做到直观了然。

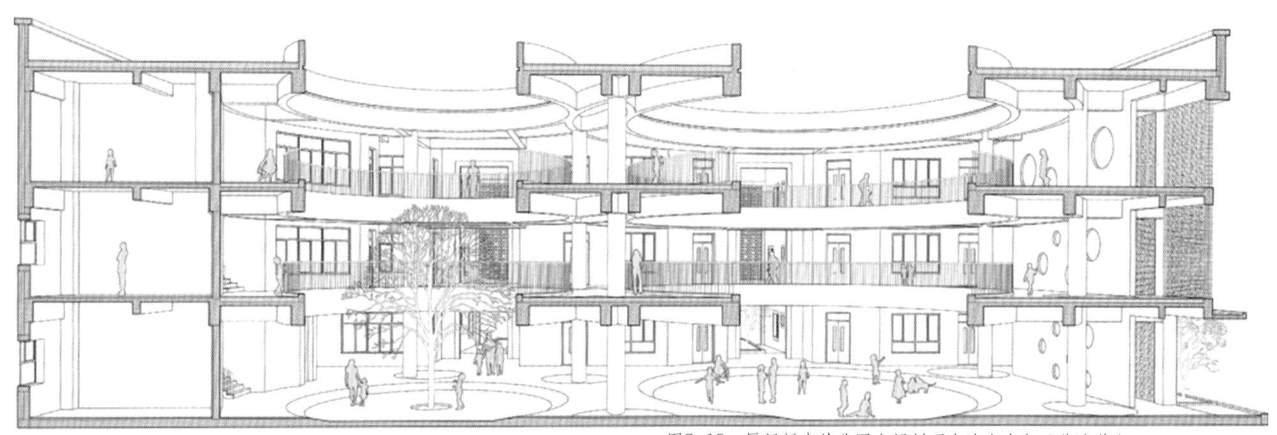

图7-15　厦门新南幼儿园空间剖面表达室内与天井院落之间的关系，较为常见的剖面方式，可以直接用模型导出

7.2.1 剖面图

剖面图是空间纵向截取一个面后所获得的观测角度，剖面图对于表达纵向的空间关系具有很好的优势，可以清楚地看到上下空间的联系（图7-15）。

剖面图不单可以采用纯线性的表达，还可以借助三维渲染以及平面编辑软件上色进行后期处理，使剖面图的设计信息表达更具直观性（图7-16和图7-17）。

有时也用空间剖面图展现图纸内容，呈现出既直观又具有尺度信息的分析图（图7-18~图7-20）。

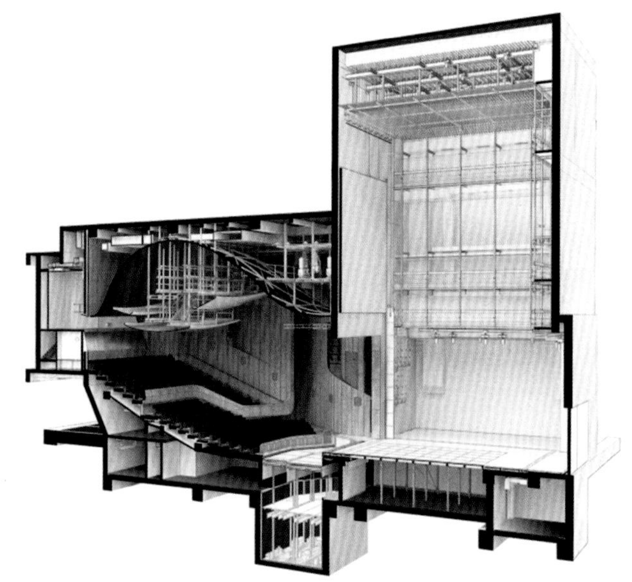

图7-16　某观演空间剖面图，借助渲染以及线性的方式将观众厅、舞台、后台之间的关系以及装饰直观地表达出来

图7-18　呈现单色素描关系的剖面空间示意

图7-17　带有后期艺术处理的空间

图7-19　剖切呈现直观场景，空间氛围表达明确

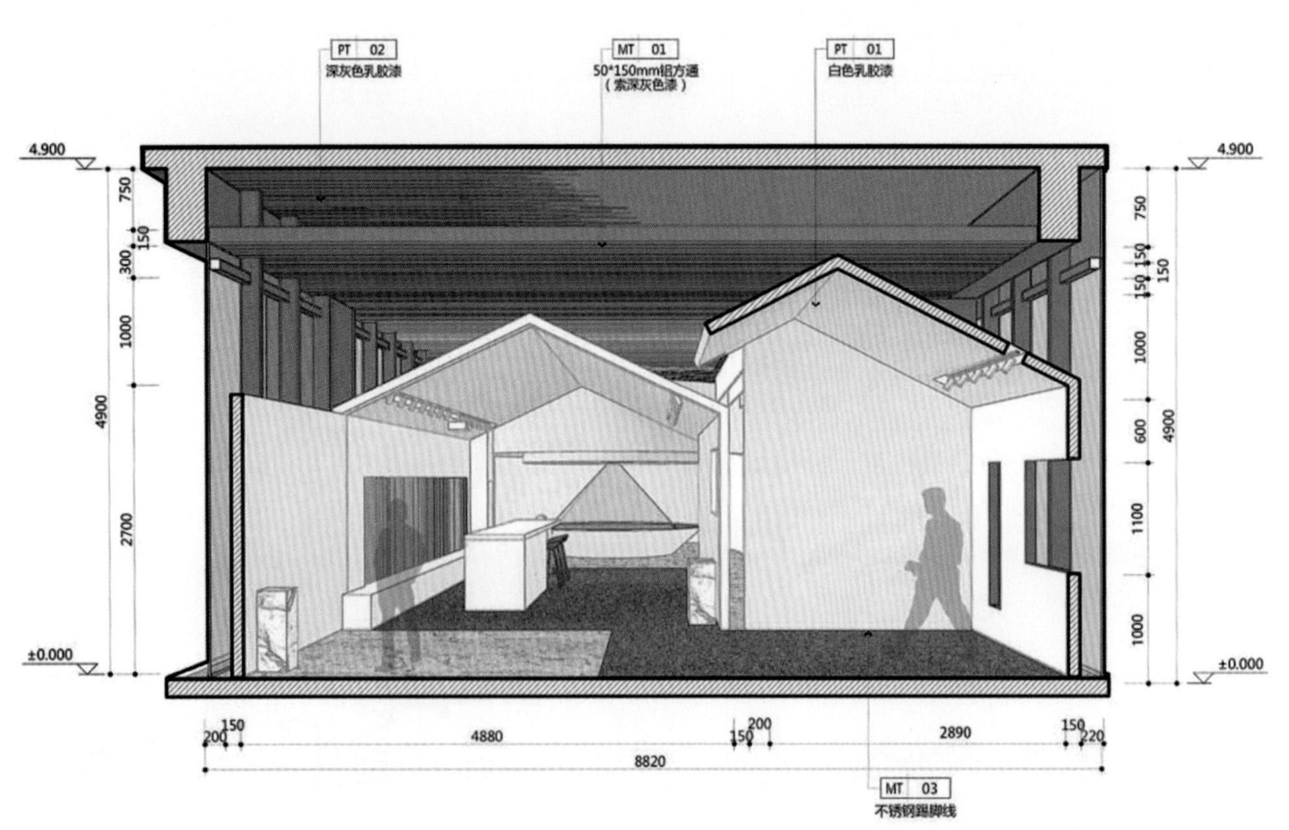

图7-20　深圳EMTEK·质量大众展厅方案，带有尺度的空间剖面透视图

7.2.2 轴测图

轴测是一种带有宏观高度的观测角度，轴测图具有设计信息呈现全面、视角立体的优势，因此在文化建筑空间方案设计中对于空间结构和表达行为流线上具有一定优势（图7-21和图7-22）。

轴测图可观测到的设计信息面相对较全，因此当构造、图形聚集在一起时需要将完整的空间进行拆解再加以演示，这就形成了俗称的爆炸图（图7-23~图7-26）。爆炸图犹如安装说明书一样将空间各构件分解后又分别与相对位置对应起来，形成散而不乱的表达形式（图7-27~图7-30）。

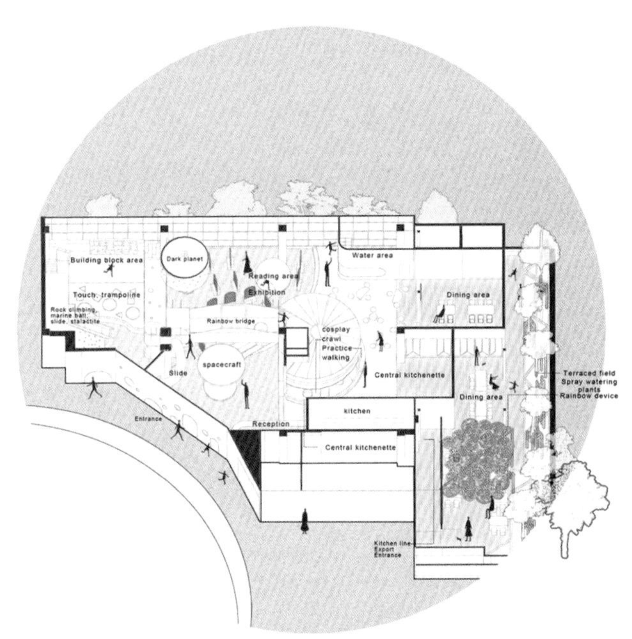

图7-21　重庆某艺术空间爆炸图（一）

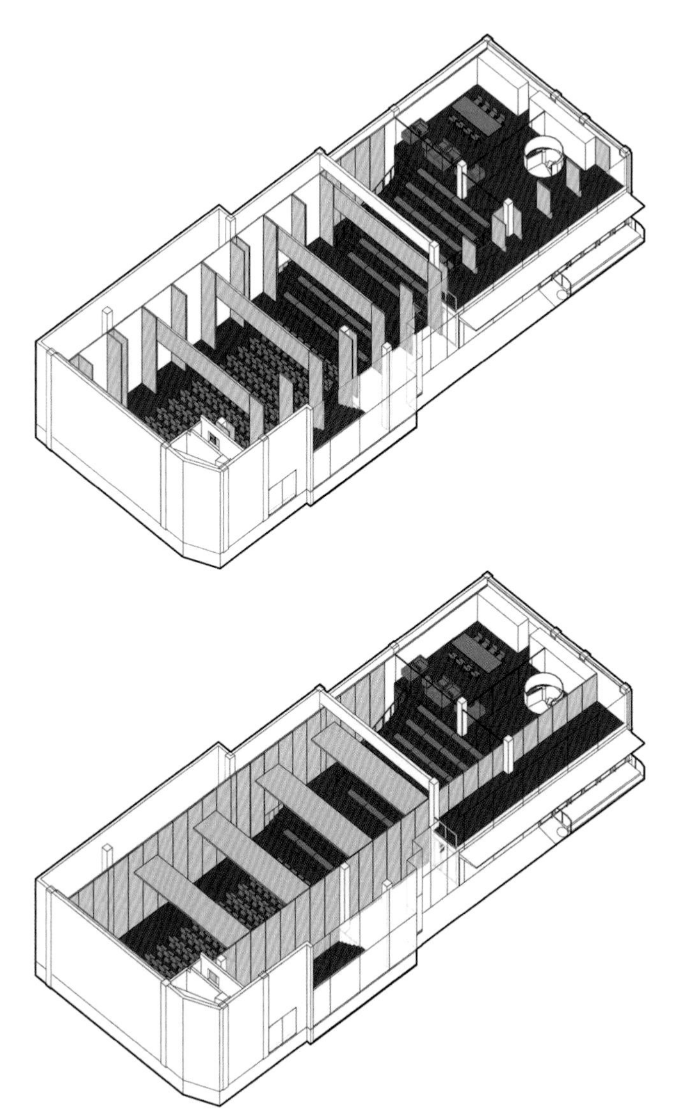

图7-22　北京一零空间未来厅空间轴测图

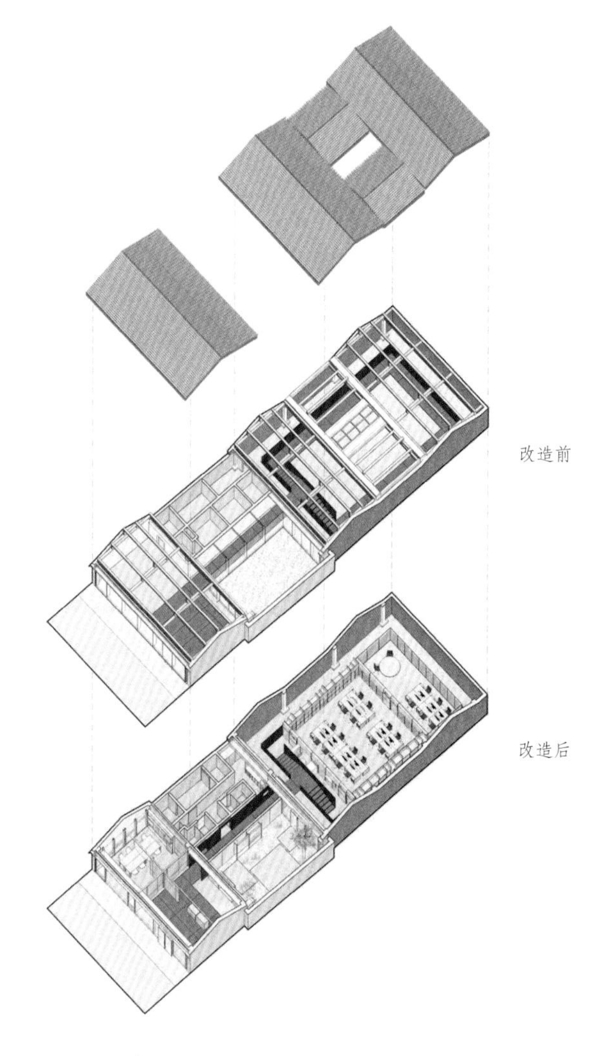

图7-23　上下层空间同时呈现的分层轴测图

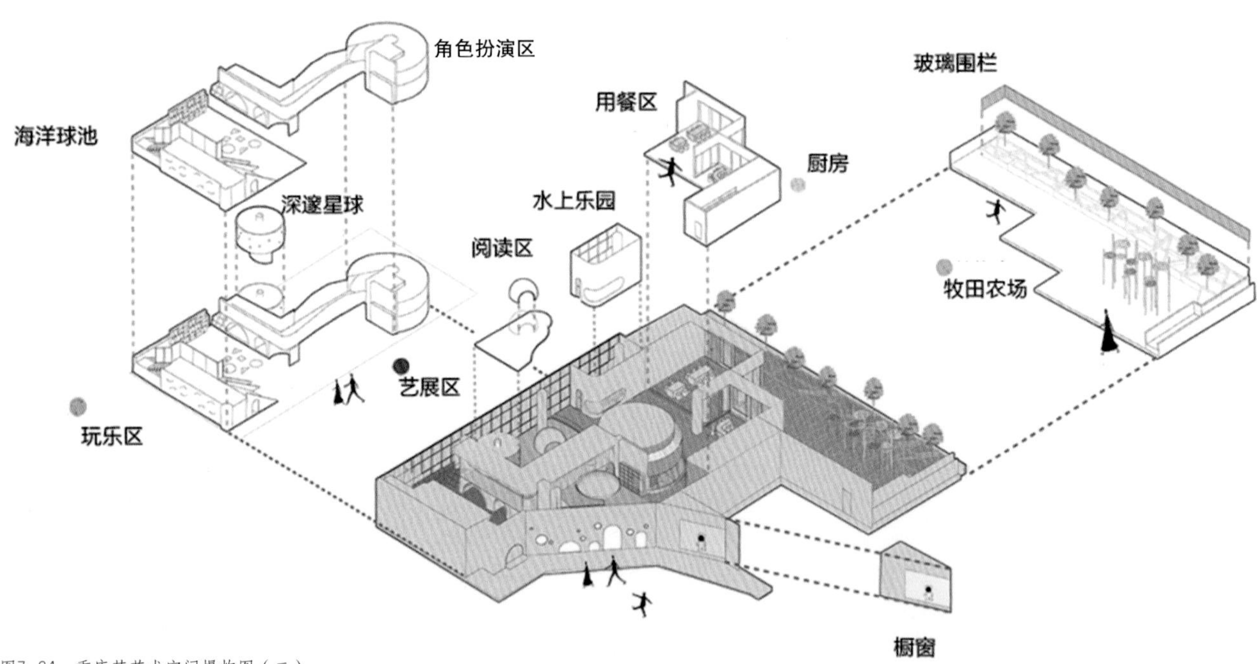

图7-24 重庆某艺术空间爆炸图（二）

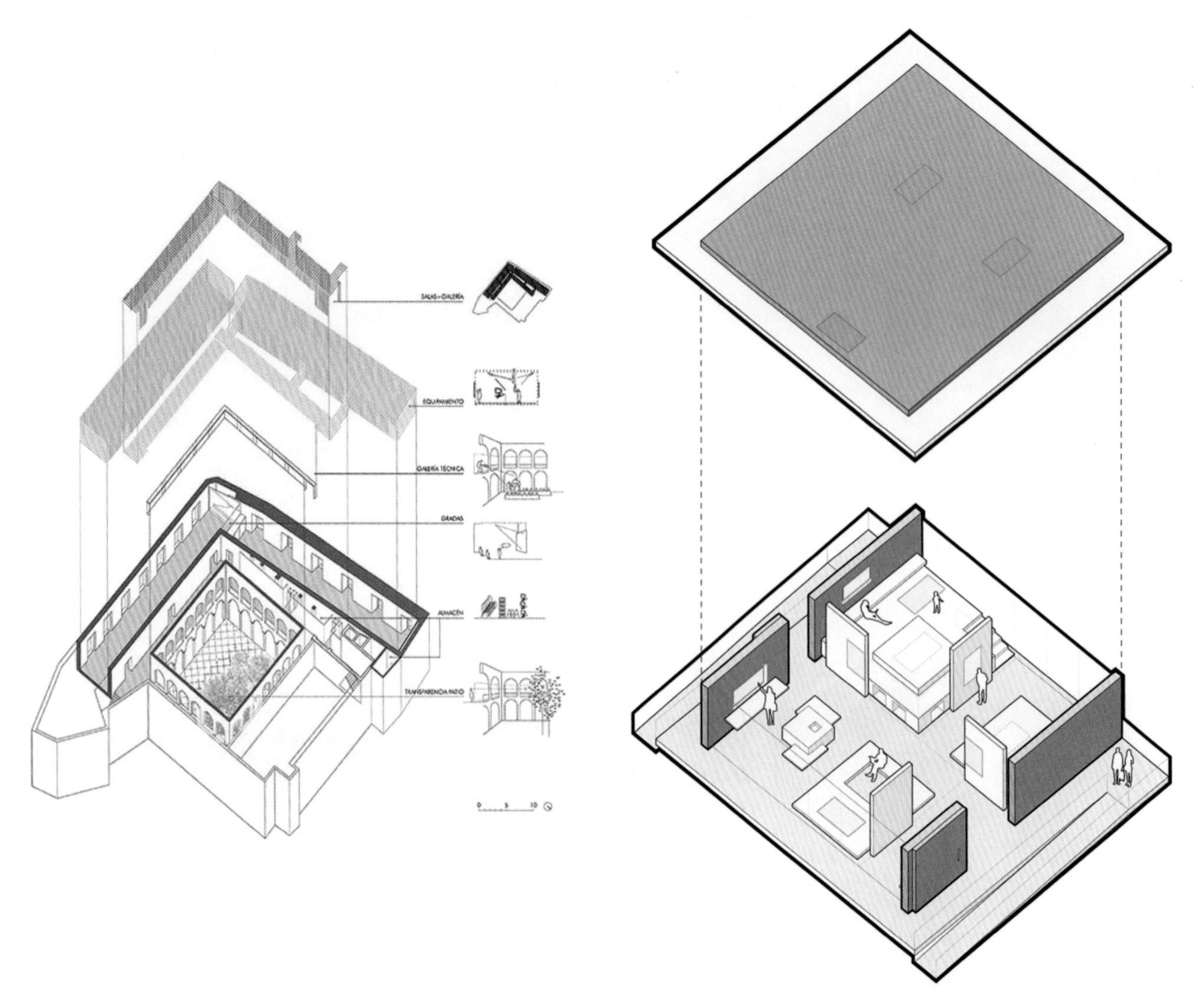

图7-25 西班牙旧修道院里的艺术空间爆炸轴测图

图7-26 “北京未来生活展”8号展馆轴测图

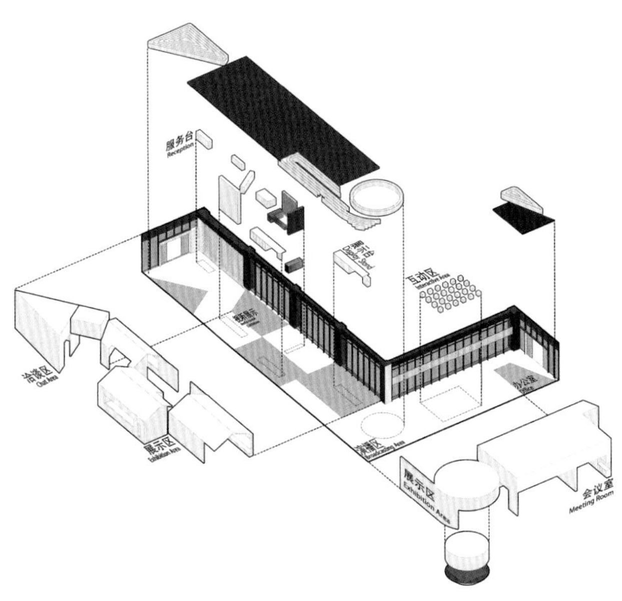

图7-27 深圳EMTEK·质量大众展厅

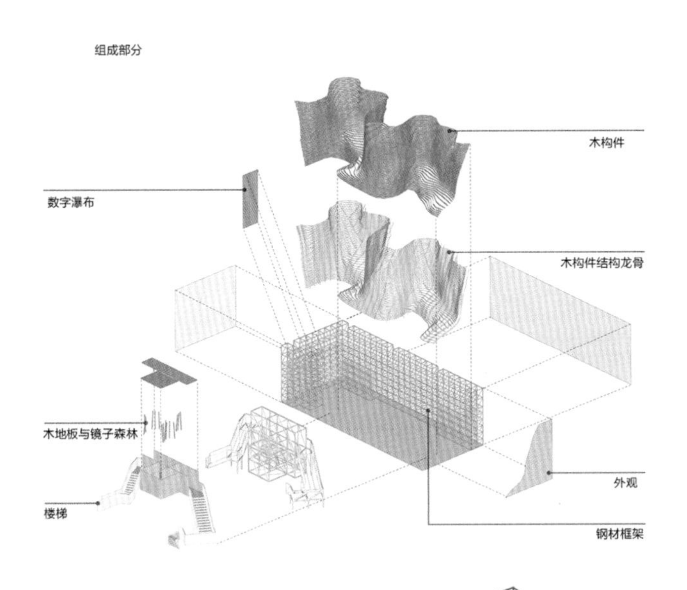

图7-28 上海新国际会展中心E2久盛木地板主题展厅拆分爆炸图

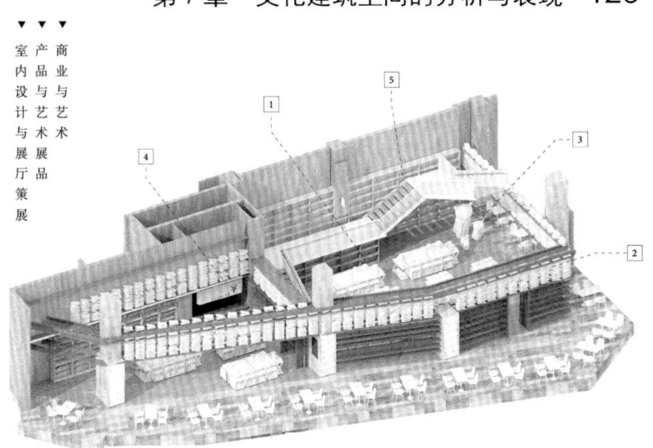

（a）一层

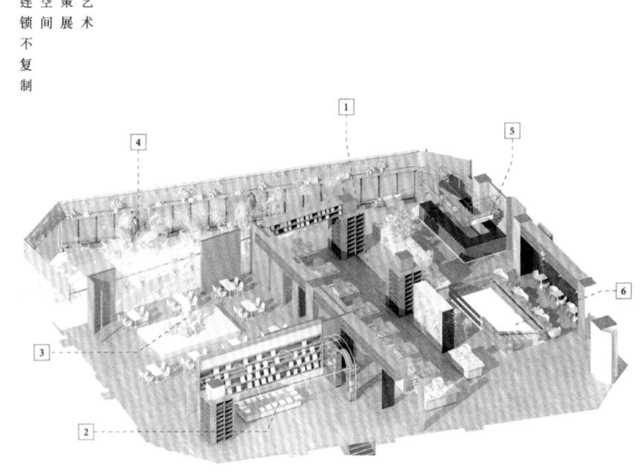

（b）二层

图7-29 经过渲染效果以及后期图像处理的轴测图

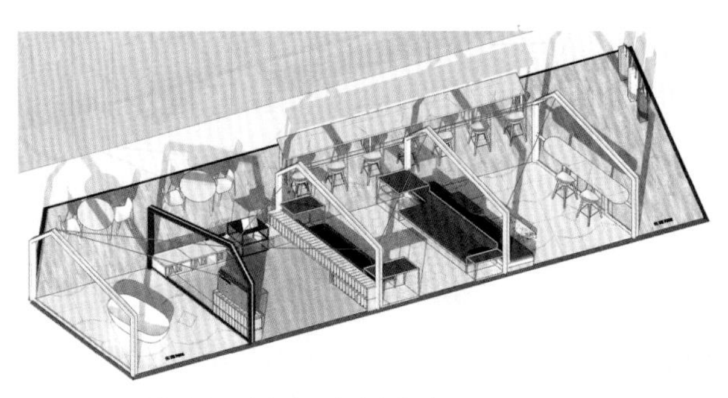

图7-30 借助模型表现带有光影效果的轴测图

7.2.3 平面图

平面图是方案的核心图纸，在方案汇报中平面图也可以经过后期处理作为分析图的一部分进行设计方案演示。在分析图中的平面图需要强调出设计重点和图面层次，图面做到主次得当（图7-31~图7-34）。

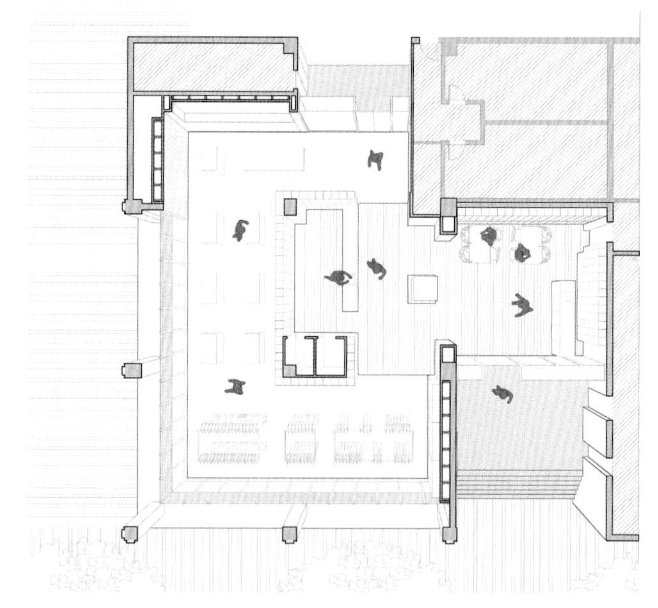

图7-33 带有俯视角度的平面，加入人物行为动作，突出空间功能与氛围

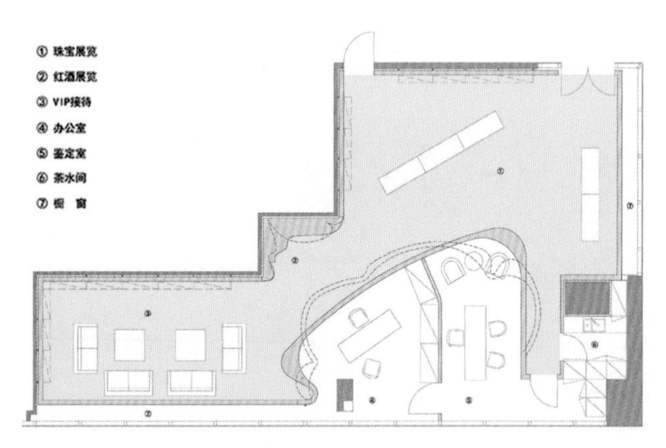

图7-31 北京保利珠宝展厅平面图，图中将珠宝展示空间用色彩加以强调

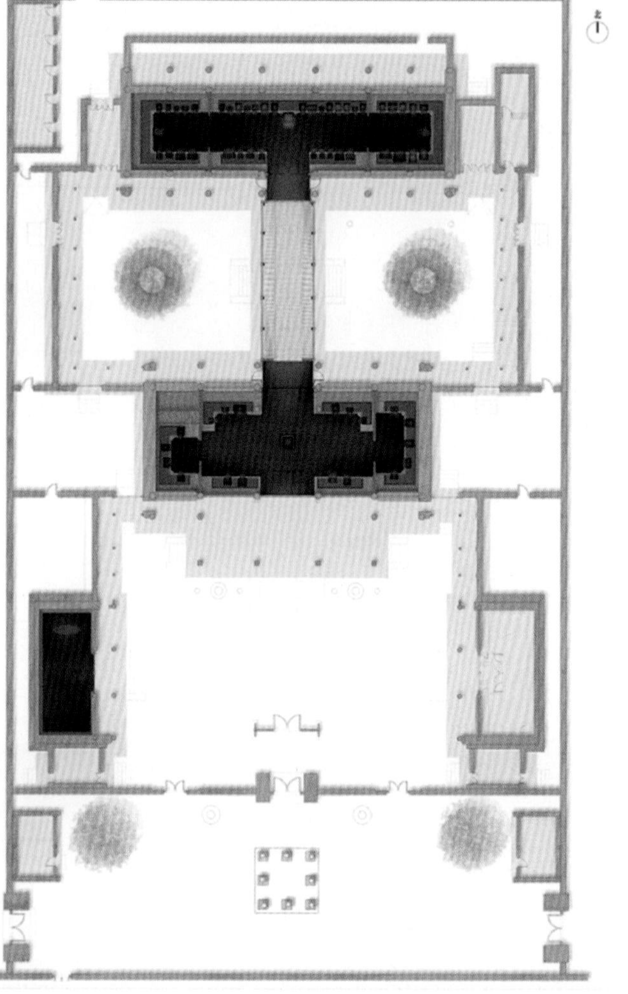

图7-34 北京“佛陀之光”展览设计，运用淡彩的后期处理将重点展示空间突出

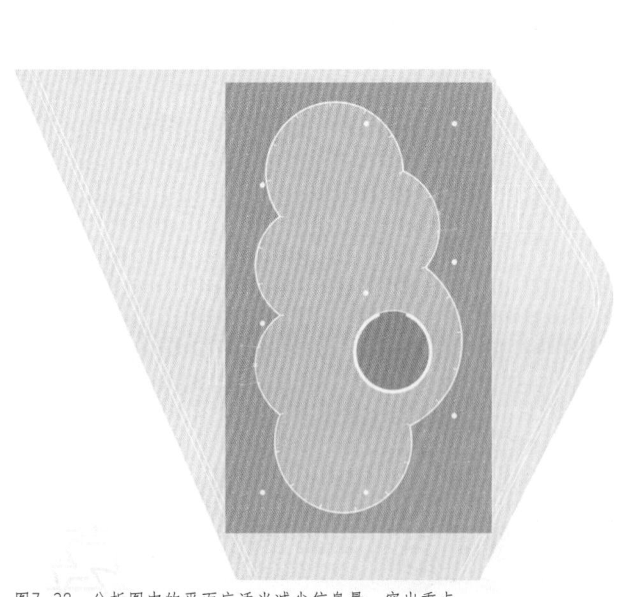

图7-32 分析图中的平面应适当减少信息量，突出重点与图面层次

7.2.4 透视

为了避免有的设计信息因为遮挡关系而难以表达，所以常采用具有透视效果的形体作为载体加以说明，这种类似X射线效果的模型可以将整体形象进行展示（图7-35和图7-36）。

7.2.5 场景

有的设计信息更适合在场景中进行说明，可以以场景的角度来标明（图7-37）。场景式的分析图在设计意图的表现上具有一定优势，因为设计手法带来的空间效果直观了然，借助平面编辑软件进行后期处理更具有一定的艺术感，从而达到展示空间氛围和表达设计信息的双重效果（图7-38）。

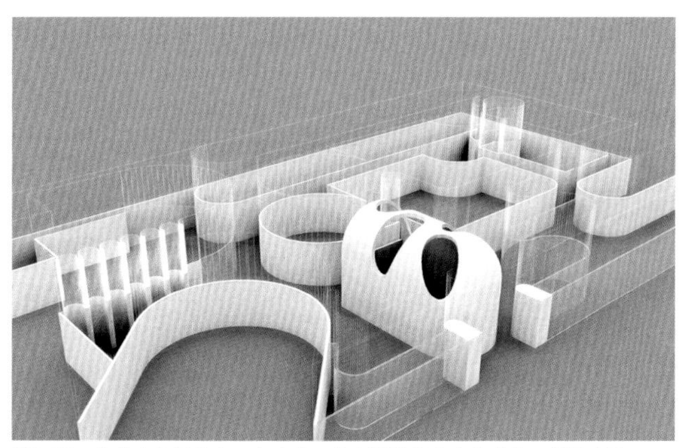

图7-35 某艺术空间方案，在表现一层空间的具体布局时将二层构造用线的方式加以完善，形成虚实对比强调重点

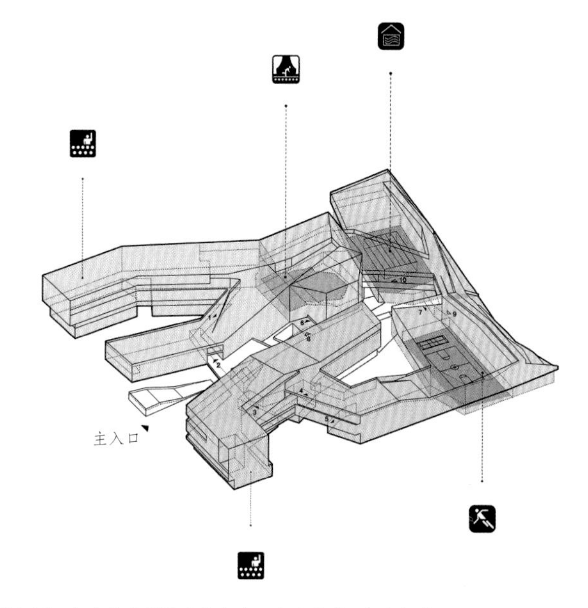

图7-36 上海德法学校设计方案，为了说明目标空间在总体空间的相对位置，采用透视的方式将目标空间实体化加以强调

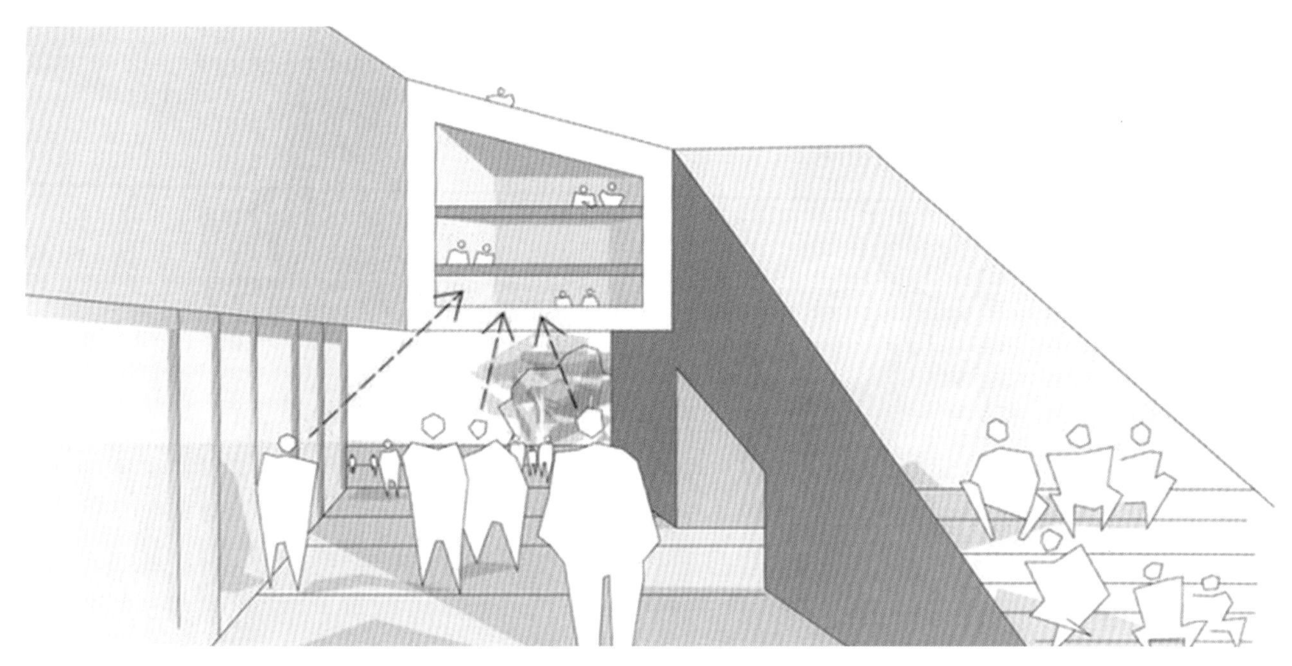

图7-37 运用手绘的场景进行视线设计的说明

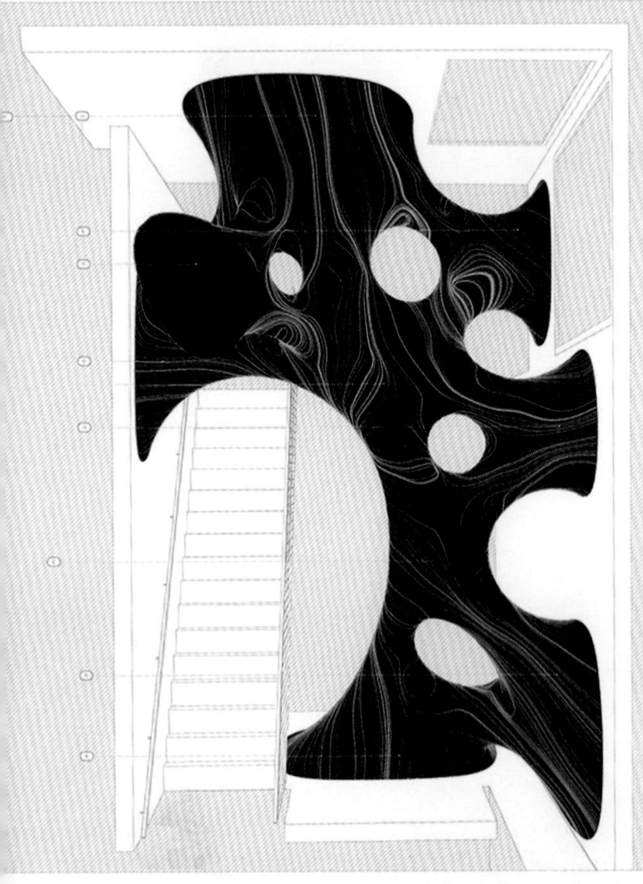

图7-38　法国某大学室内装置。为了在空间场景中突出艺术装置的张力，在分析图中将艺术装置与场景环境的颜色进行强烈对比，并且加入线性元素表现法线肌理

7.2.6 图表

在文化建筑空间的设计中可能需要对于相关行为问题以及数据问题的分析研究，这就会涉及图表的演示。图表用于将复杂的表述概括成图形语言，通过直观清晰的图形语言传递给观者。所以在图表分析图的设计上尽量做到一张图表只说明2种以下的问题，不必要的信息不可随意添加（图7-39~图7-42）。

数据最直观的表达，是采用数据可视化，即将数据以一种直观的图示语言进行表达。借助相应的分析类软件，可以将数据的可视化表达呈现得更为真实客观，对空间中的光照、温度、气流等进行分析，再以可视化的方式呈现，有助于设计师根据数据反映的情况对方案进行调整，提高空间设计的科学性（图7-43）。

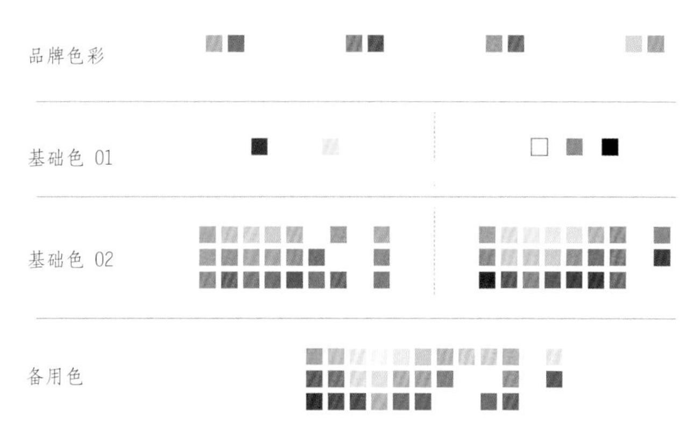

图7-39　对于方案设计中的色彩整理的图表

图7-40　对于教育行为研究的示意图

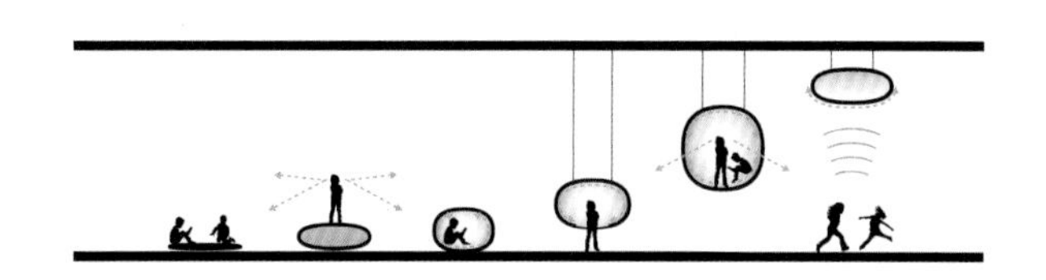

图7-41　对于视角和声学分析研究的示意图

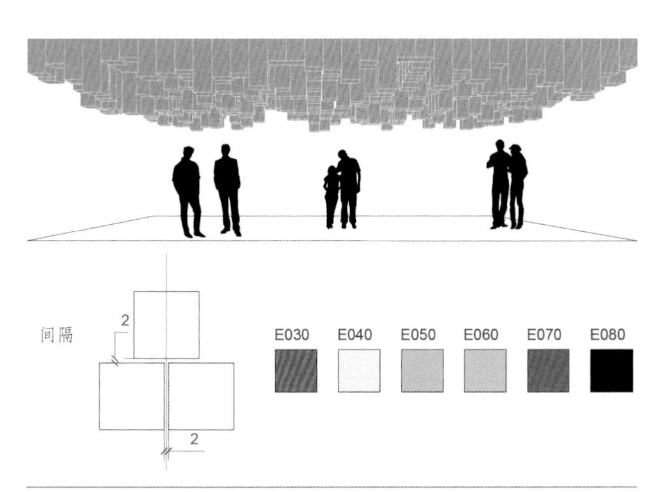

图7-42　木盒天花板设计说明的图表

图7-43　借助软件对西班牙巴塞罗那国际博览会中的德国馆进行的采光分析可视化数据呈现

7.3 效果表达

认识一个事物的第一个印象是视觉，了解一个设计方案的最直接的印象是它的效果。空间效果关乎对该方案评价的第一印象，这种视觉效果的冲击对于文化空间的设计要求更为突出，有时为了体现方案的艺术气质或者人文情怀，需要在呈现效果时加以处理甚至夸张，以寻求耳目一新、印象深刻的方案效果。对于文化建筑空间的效果表达，主要有模型和效果图两种方式。

(a)

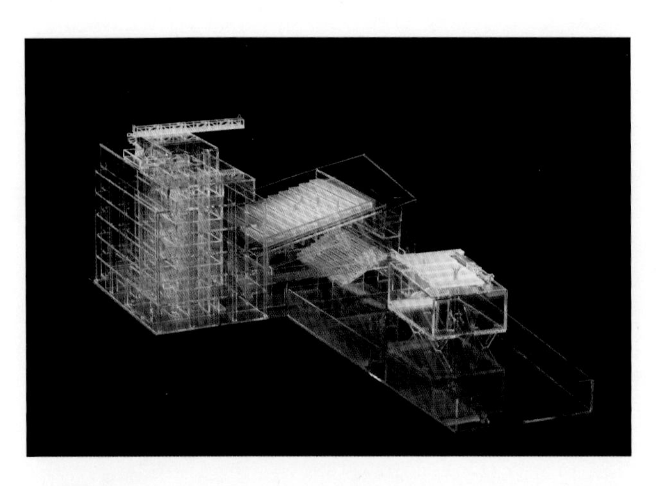

图7-44　为方便观测室内空间，可以选择透明材质作为外壳或者墙体

(b)

图7-45　模型的空间、比例、形体是其表达的优势与重点，其余元素应省略

图7-46　方案的设计重点在于穿行的功能空间，因此模型采用区别于白墙的木材质进行强调表达

7.3.1 模型

模型是运用材料将设计方案模拟与塑造出来的一种表达形式。需要注意的是模型表达一般不会寻求完全仿真式的表达，而是根据方案结合材料进行概括的表达，模型材料也应进行筛选（图7-44）。

模型表达设计方案需要结合模型的优势有重点地表达。模型的优势在于对空间、比例、形体的全方位、直观地展示，所以方案模型表达的重点也应在于这三点，这三点以外的元素应进行概括甚至舍弃（图7-45和图7-46）。比如模型颜色不一定要完全同方案一致，还应对方案中的颜色进行概括；一个模型的色调应保持协调统一，切不可花里胡哨，应做到整体颜色不超过三种，保持模型的整体性（图7-47）。

图7-47 某室内设计方案模型，颜色统一整体

图7-48 深圳龙华三智学校教室效果图，采用渲染与线的结合

7.3.2 效果图

效果图是借助电脑三维建模渲染后进行后期处理得到的方案形象。效果图作为二维平面上对方案最终效果的直观表达手法，向来是方案中最容易吸引眼球的部分，效果图一方面具有仿真效果，另一方面需要注意画面的艺术化的提升，这一点对文化建筑空间尤其重要。文化建筑空间的效果图应具有浓厚的文化氛围、吸引视觉的重点以及协调的色调关系（图7-48~图7-50）。

图7-49 浙江义乌新世纪外国语学校效果图，突出校园朝气氛围

图7-50 图面用冷暖对比来凸显画面中心

文化建筑空间设计的效果图表现注重文化氛围的传达，需要一定的艺术处理。在电脑处理文化建筑空间效果时请注意以下几点。

（1）角度选择与构图

合理角度的选择与构图都是实现优秀作品的第一步，表现角度会直接影响图面的形式关系，尤其是视点高度的选择要根据设计意图合理设定，从而形成平视、仰视、俯视等不同的效果。平视能够增强效果图给人的身临其境之感，空间感受亲切自然。仰角表现可以在图面营造很低的视平线，效果图中将室内空间中的顶棚面积拉大，营造出高昂的空间面貌。俯视角度能够清晰地表现室内的总体空间环境，最大限度地表现出整体空间布局，展示出宏大的空间效果。要根据效果图的主题表现需要合理选择所需角度，并控制好景深，从而实现优秀的构图效果。

（2）色彩的选择与搭配

效果图中色彩的使用直接影响到整个设计的视觉感受，色彩的选择与搭配与设计师自身的艺术修养和审美情趣有着直接的关系。在进行室内设计效果图绘制时，首先要根据空间的功能、使用对象、面积大小等确定整个设计空间的视觉取向是调和调还是对比调，再来设定是冷色系还是暖色系，是高纯度还是低纯度等，之后再进行具体色彩的拣选使用。在用色数量和不同颜色的面积组合上要适宜，色彩种类过多会造成主题不突出和视觉混乱，而色彩过于单一则会显得呆板和枯燥（图7-51）。

（3）材质的肌理与表达

寻求室内空间装饰材料的协调和最优化也是室内设计的一项重要任务，那么在效果图中就要将材质的肌理效果表达出来。同一色彩的物体采用不同的材质会呈现出不同的视觉心理感受。因此，要根据设计将不同材质的肌理效果合理地描绘，才能真正实现设计师的设计意图与内涵，也能够让甲方（业主）清晰地了解室内装饰使用材料的预期效果。

（4）光线的设定与绘制

在室内设计中对光的设计主要包括自然采光与灯具照明两大类，光线不仅会影响室内的照度，还会营造出不同的空间氛围，而无论哪种类型与表现手法的效果图中对于光线的表达都是必不可少的，因为离开了光线就无从谈论形与色的问题。在室内设计效果图中对于光线的表达需要注意两个重要问题，一是光源的设定，二是光色关系的表现。这就要求设计师首先要对日常生活中

图7-51 上海图书馆东馆方案设计效果图，采用暖灰色调展现静谧雅致的阅读空间

图7-52　邢台大剧院设计竞赛方案效果图，采用光线的强度对比来突出舞台空间

的各种光照环境认真地观察与分析，还要能够将不同光源下的不同物体所反映出的丰富的色彩关系进行总结归纳并加以应用，恰当地把握光的强度和光的色彩在图面上的效果（图7-52）。

（5）空间感与体积感的塑造

实现所表达空间的空间感与空间自身和空间内各组成部分的体积感，是室内设计效果图在整体视觉效果上的基本要求。想要实现这一目标就要着力于处理好两个方面的关系，一是虚实关系的处理，二是明暗关系的处理（图7-53）。

图7-53　捷克共和国奥斯特拉瓦音乐厅竞赛方案效果图，利用综合因素营造空间感以及不同材质间所形成的体量感

参考文献

[1] 《建筑设计资料集》编委会. 建筑设计资料集. 第3集. 2版. 北京：中国建筑工业出版社，2017.

[2] 陈易. 室内设计原理. 北京：中国建筑工业出版社，2006.

[3] 杜雪，甘露，张卫亮. 室内设计原理. 上海：上海人民美术出版社，2014.

[4] 张文忠. 公共建筑设计原理. 4版. 北京：中国建筑工业出版社，2008.

[5] [日]北田静男，周伊. 公共建筑设计原理. 上海：上海人民美术出版社，2016.

[6] [英]皮特，菲尔 P，菲尔 C. 设计博物馆. 王树良，张玉花，译. 北京：中国友谊出版公司，2018.

[7] [日]猪熊纯，成濑友梨. 共享空间设计解剖书. 郭维，何轩宇，等译. 南京：江苏科学技术出版社，2018.

[8] 刘振亚. 现代剧场设计. 北京：中国建筑工业出版社，2011.

[9] [日]芦原义信. 外部空间设计. 尹培桐，译. 南京：江苏凤凰文艺出版社，2017.

[10] 日本建筑学会. 空间设计技法图典. 周元峰，译. 北京：中国建筑工业出版社，2011.